南京水利科学研究院出版基金资助

U0395283

再生水利用配置探索与实践

林　锦　李　伟　马　涛　王　炜　郑锦涛　王会容 ◎ 编著

河海大学出版社
HOHAI UNIVERSITY PRESS
· 南京 ·

图书在版编目(CIP)数据

再生水利用配置探索与实践 / 林锦等编著. -- 南京 ：

河海大学出版社，2024. 12. -- ISBN 978-7-5630-9375

-5

Ⅰ. TV213.9

中国国家版本馆 CIP 数据核字第 2024JX9513 号

书　　名	再生水利用配置探索与实践
书　　号	ISBN 978-7-5630-9375-5
责任编辑	周　贤
特约校对	吴媛媛
封面设计	张育智　吴晨迪
出版发行	河海大学出版社
地　　址	南京市西康路 1 号(邮编:210098)
电　　话	(025)83737852(总编室)　 (025)83722833(营销部)
经　　销	江苏省新华发行集团有限公司
排　　版	南京布克文化发展有限公司
印　　刷	广东虎彩云印刷有限公司
开　　本	700 毫米×1000 毫米　1/16
印　　张	8.5
字　　数	153 千字
版　　次	2024 年 12 月第 1 版
印　　次	2024 年 12 月第 1 次印刷
定　　价	59.00 元

《再生水利用配置探索与实践》

编 委 会

编 著　林　锦　李　伟　马　涛　王　炜
　　　　　郑锦涛　王会容

参 编　韩江波　陈　韬　柳　鹏　周　游
　　　　　陈建楠　戴云峰　李　雪　张　路
　　　　　倪显锋　王　琰　李丹阳　冯邵依
　　　　　陈　宇　代　斌

前 言

PREFACE

　　随着气候变化加剧,经济社会发展,城市化进程加快,水资源短缺、水污染加剧、水生态损坏等问题日益突出。水资源紧缺推动了各地对非常规水源利用的需求,再生水利用已经成为许多国家扩大水资源供给,提升水安全保障能力的重要途径之一。20世纪60年代以来,一些国家将再生水作为水资源利用的重要途径,重视和加强再生水利用技术的开发和应用,部分发达国家的再生水利用率达到了70%以上。相比之下,我国再生水利用起步较晚,再生水利用配套设施、规划、政策、管理等方面较薄弱,因而再生水开发利用的发展相对缓慢。为加强污水资源化利用工作,2021年,国家发展改革委等十部门联合印发了《关于推进污水资源化利用的指导意见》;水利部等印发了《典型地区再生水利用配置试点方案》,要求推进再生水利用配置试点建设,探索先进适用成熟的再生水利用配置模式,在创新配置方式、拓展配置领域、完善产输设施、健全政策措施等方面形成具有示范意义的经验。2024年5月1日,《节约用水条例》正式施行,从法制层面保障各类非常规水利用,要求县级以上地方人民政府应当统筹规划、建设污水资源化利用基础设施,促进污水资源化利用。城市绿化、道路清扫、车辆冲洗、建筑施工以及生态景观等用水,应当优先使用符合标准要求的再生水。近些年来,在国家层面政策的引导推动下,我国再生水利用的规模快速增加,利用领域持续拓展,再生水已成为许多地区的"第二水源",有效缓解了区域水资源短缺压力。

　　本书主要总结了近些年作者在再生水利用配置方面的成果,期盼与同行共同探讨,并希望起到抛砖引玉的作用,进一步促进国内再生水规模化利用。全书共六章。第一章全面回顾总结了我国污水资源化利用发展历程和相关政策发展趋势,分析了再生水利用政策措施方面存在的问题和不足。第二章以美国、欧洲、以色列等典型地区为例,梳理了国外再生水利用方面的经验做法及启示意义。第三章总结了我国目前再生水利用量、主要生产工艺以及工艺应用情况。第四章对比分析了我国再生水相关主要技术标准规范在控制指标及指标值上的差异性,然后提出了再生水利用风险评价指标体系及标准,采用模糊综合评判法评价了典型地区再生水用于市政杂用、工业和景观环境等三大领域的风险等级。第五章阐述了我国今后再生水利用面临的新形势和新要求,并提出了相应对策建议。第六章筛选列举了国内 4 个城市的再生水利用配置案例。

本书内容主要来源于作者近些年有关项目的研究成果,研究成果得到水利部水资源节约专项、地市水利科技项目等的资助,研究工作得到全国节约用水办公室、南京市水务局、九江市水利局等单位领导、专家的指导和帮助;书中借鉴和引用了国内外相关研究成果。在此,一并表示感谢!

限于作者水平,本书尚有不完善和欠妥之处,敬请读者批评指正。

作者

2024 年 7 月于南京

目 录

CONTENTS

1

我国再生水利用配置政策

1.1 全国政策发展历程

1.1.1 我国污水资源化利用发展历程

中华人民共和国成立 70 多年来,工业化、城镇化进程不断加快,经济社会发展水平不断提高,我国污水资源化利用大致可划分为以下 4 个阶段。

(1) 第一阶段:起步期(1949—1978 年)

该阶段属于我国工业与经济发展的蓄力期和城镇化探索发展阶段,工业化、城镇化水平相对不高,水体污染程度相对较低。《2022 年城乡建设统计年鉴》数据资料显示,截至 1978 年,我国仅有 37 座城市污水处理厂(见图 1.1),其处理规模一般都很小,处理工艺以简易沉淀和活性污泥法为主。该阶段我国的污水处理技术和管理水平处于初始状态,尚未正式形成"污水资源化利用"的概念,未颁布污水资源化利用的相关法律法规和政策文件,但开展了污水资源化利用的有益探索。其主要特点是污水基本不经处理或经简易处理后,用于农业灌溉和养鱼,特别是北方缺水地区将污水灌溉利用作为经验进行推广,如著名的沈抚灌区等。同时,该时期我国已经开始重视污泥资源化利用工作,相继开展了污泥用作农田肥料、动物饲料、填塑材料、砖瓦材料等研究和实践工作。

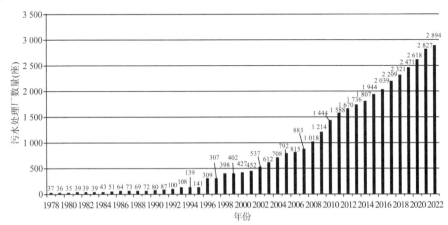

图 1.1 全国历年城市污水处理厂数量

(数据来源:《2022 年城乡建设统计年鉴》)

(2) 第二阶段:探索期(1979—2000 年)

该阶段我国的工业与经济发展相继进入探索期和加速发展期,城镇化进程也已进入快速发展阶段。实行改革开放以后,我国的工业化、城镇化水平不断提高,水体污染程度越来越重,加之国际社会污染事件层出不穷(如骨痛病、水俣病等),引发了我国对环境保护工作的高度重视。随着经济社会快速发展,水资源短缺的问题日益凸显。在此背景下,我国正式提出了"污水资源化"的概念,并于"六五"期间在大连、青岛开展了污水资源化利用试点工作,其中大连试点于1983 年通过城乡建设环境保护部鉴定,这是国内首次提出有关再生水利用的有效成果,填补了国内空白。"七五"至"九五"期间,我国相继开展了一系列污水处理和资源化利用科技攻关工作,以科技为先导,以示范工程为样板,摸索经验、总结不足,为污水资源化利用奠定了基础。

1984 年,我国投资建成了天津市纪庄子大型污水处理厂(见图 1.2),这是当时我国规模最大的综合性污水处理工程,采用了当时国际上的标准工艺——初沉池、二沉池、曝气池、污泥浓缩池、污泥消化脱水等,处理能力为 26 万 t/d,占全市排污水总量的 1/4,主要承担对工业废水和生活污水的处理,其中工业废水占比约 60%、生活污水占比约 40%。纪庄子污水处理厂的诞生填补了我国大型污水处理厂建设的空白,之后北京、上海、广东、陕西、山西、河北、江苏、浙江、湖北、湖南等省市根据各自的实际情况分别建设了不同规模的污水处理厂。我国污水处理厂的建设速度迅速提升,截至 2000 年我国城市污水处理厂已增加至 427座,约是 1978 年的 11.5 倍(见图 1.1)。该阶段我国污水资源化利用的主要特点是,除仍用于农业灌溉和养鱼外,处理后的污水开始广泛用于钢铁、煤炭、火电、石油、制革、印染等高耗水行业,作为循环用水、冷却用水、冲洗用水等工业生产用水,以提高水的循环利用率。

图 1.2 我国第一座大型污水处理厂(天津市纪庄子污水处理厂)

(3) 第三阶段:快速发展期(2001—2011 年)

该阶段我国的工业与经济发展进入高速发展期,城镇化进程仍处于快速发展阶段。经过前期的科技攻关,我国开始着力建设污水再生利用示范工程和再生水集中利用工程,并在"十五"期间首次将污水资源化利用纳入国民经济和社会发展计划纲要,明确提出"积极开展人工增雨、污水处理回用、海水淡化"。2002 年,《中华人民共和国水法》修订后,明确要求"加强城市污水集中处理,鼓励使用再生水,提高污水再生利用率"。"十一五"期间,我国首次制定了城镇污水处理再生利用设施建设专项规划,并在节水型社会建设、"十一五"水利发展规划中鼓励开发和利用再生水。2006 年,建设部、科学技术部联合印发了《城市污水再生利用技术政策》,指导各地开展污水再生利用规划、建设、运营管理、技术研究开发和推广应用。

同时,国家相继印发实施了《建筑中水设计规范》(GB 50336—2002)、《建筑给水排水设计规范》(GB 50015—2003)、《室外排水设计规范》(GB 50014—2006),以及《城市污水再生利用 分类》(GB/T 18919—2002)、《城市污水再生利用 城市杂用水水质》(GB/T 18920—2002)、《城市污水再生利用 景观环境用水水质》(GB/T 18921—2002)、《城市污水再生利用 地下水回灌水质》(GB/T 19772—2005)、《城市污水再生利用 工业用水水质》(GB/T 19923—2005)、《城市污水再生利用 农田灌溉用水水质》(GB 20922—2007)、《城市污水再生利用 绿地灌溉水质》(GB/T 25499—2010)等国家标准,水利部也颁布了《再生水水质标准》(SL 368—2006)水利行业标准。

一系列法律法规和标准规范的出台实施,大大提高了我国污水资源化利用的法制化、标准化管理水平,极大地促进了我国污水资源化利用的发展。截至2011 年,我国的城市污水处理厂增加至 1 588 座,较 2000 年增加 1 161 座,平均每年增加约 106 座(见图 1.1);县城污水处理厂增加至 1 303 座,较 2000 年增加1 249 座,平均每年增加约 114 座。该阶段我国污水资源化利用的主要特点是,在法律法规和标准规范的有力指导下,全国范围内污水资源化利用面迅速扩大,利用技术和效果研究不断深入,利用范围进一步拓展到灌溉用水、工业用水、景观环境用水、城市杂用水、地下水回灌等领域。

(4) 第四阶段:绿色发展期(2012 年至今)

该阶段属于我国工业与经济发展的换挡期和城镇化提质发展阶段。党的十八大以来,以习近平同志为核心的党中央将生态文明建设作为统筹推进"五位一体"总体布局、协调推进"四个全面"战略布局的重要内容,有力推动我国生态文明建设实现历史性、转折性、全局性变化,污染治理力度之大、制度出台频度之密、监管执法尺度之严、环境质量改善速度之快前所未有,环境保护和生态文明建设进入了新的历史发展时期。2015年,中共中央、国务院印发了《关于加快推进生态文明建设的意见》,对生态文明建设做出全面部署,首次明确提出新型工业化、信息化、城镇化、农业现代化和绿色化协同推进。随后,生态文明建设的顶层设计《生态文明体制改革总体方案》印发实施,数十项改革方案制定落实,我国开启了生态文明建设的新篇章。生态文明建设是我国发展理念、发展方式的根本转变,是一场全方位、系统性的绿色变革。生态文明理念是对可持续发展理念的丰富和超越,为我国的污水处理和资源化利用刻上了绿色的烙印,赋予了新的内涵,提出了更高的要求。

在生态文明建设的时代背景下,我国的污水资源化利用取得了更大进展。一是我国继续大力提升污水处理和资源化利用能力。截至2020年,我国的城市污水处理厂增加至2 618座、县城污水处理厂增加至1 708座。二是我国开始大力推动将再生水等非常规水资源纳入水资源统一配置。2012年起,我国先后在《国务院关于实行最严格水资源管理制度的意见》《国务院关于印发水污染防治行动计划的通知》《水利部关于非常规水源纳入水资源统一配置的指导意见》《发展改革委 水利部关于印发〈国家节水行动方案〉的通知》《水利部 国家发展改革委关于加强非常规水源配置利用的指导意见》等文件中,明确要求将非常规水资源纳入水资源统一配置。三是积极创新污水处理和资源化利用理念。2021年10月,我国首个城市污水处理概念厂在江苏宜兴环科园正式建成投运。该厂创新采用水质净化中心、有机质协同处理中心和生产型研发中心"三位一体"生态综合体"构造肌理",颠覆了传统污水厂形态,将示范污水处理厂从污染物削减的基本功能扩展至城市能源工厂、水源工厂、肥料工厂等多种应用场景,大力引领"污水是资源,污水厂是资源工厂"的新环保理念,重新诠释污水厂和城市的关系,打造出生态、生活、生产"三生"融合一体、开放共享的新型城市空间,全面掀开了奋进"双碳"时代、开创治水模式、引领绿色发展的崭新篇章(见图1.3)。相对于传统的污水处理厂,概念厂的核心思想是扎实践行"绿色低碳"发展理念,改变"减排污染物、增排温室气体"的尴尬局面,提出了水质永续、能源自给、资源回收、环境友好的4个建设目标,对寻求我国污水资源化利用创新突破进行了有益尝试。具体来说,一是出水水质满足水环境变化和水资源可持续循环利用的需要,实现水质按需提升;二是大幅提高污水处理厂能源自给率,实现自身节能降耗;三是减少对外部化学品的依赖与消耗,实现污泥氮磷回收等更全面的资源利用;四是做到出水、出料、出气等所有排出物不影响生态环境安全,实现感官舒适、建筑和谐、环境互通、周边社会心理互信。该阶段我国污水资源化利用的主要特点是,在习近平生态文明思想的指导下,强化将非常规水资源纳入水资源统一配置,寻求绿色低碳发展模式,探索对污泥更全面的资源利用。

图 1.3　我国首个城市污水处理概念厂(宜兴城市污水资源概念厂)

1.1.2　我国污水资源化利用政策发展趋势及现状

1.1.2.1　"十五"前期

1984 年颁布实施并于 1996 年修正、2008 年修订的《中华人民共和国水污染防治法》明确要求"利用工业废水和城镇污水进行灌溉,应当防止污染土壤、地下水和农产品"(2017 年修订后,已改为"农田灌溉用水应当符合相应的水质标准,防止污染土壤、地下水和农产品")。

1988 年,中华人民共和国建设部令第 1 号发布《城市节约用水管理规定》,明确要求"水资源紧缺城市,应当在保证用水质量标准的前提下,采取措施提高城市污水利用率"。

2000 年,建设部、国家环境保护总局、科学技术部联合发布的《城市污水处理及污染防治技术政策》中明确提出:①城市污水处理应考虑与污水资源化目标相结合,积极发展污水再生利用和污泥综合利用技术;②污水再生利用,可选用混凝、过滤、消毒或自然净化等深度处理技术;③发展再生水在农业灌溉、绿地浇灌、城市杂用、生态恢复和工业冷却等方面的利用;④城市污水再生利用,应根据用户需求和用途,合理确定用水的水量和水质;⑤经过处理后的污泥,达到稳定化和无害化要求的,可农田利用,但不得含有超标的重金属和其他有毒有害物质。

2000 年,国务院印发了《关于加强城市供水节水和水污染防治工作的通知》,明确要求:①城市水资源综合利用规划应包括水资源中长期供求、供水水源、节水、污水资源化、水资源保护等专项规划;②大力提倡城市污水回用等非传统水资源的开发利用,并纳入水资源的统一管理和调配;③缺水地区在规划建设城市污水处理设施时,还要同时安排污水回用设施的建设;④国务院有关部门要抓紧研究确定回用污水的合理价格,促进和鼓励污水的再利用;⑤积极引入市场机制,拓展融资渠道,鼓励和吸引社会资金和外资投向城市污水处理和回用设施项目的建设和运营。

1.1.2.2 "十五"期间

2001 年,我国首次将污水资源化利用写入国民经济和社会发展第十个五年计划纲要,明确要求积极开展"污水处理回用",这是我国污水资源化利用政策发展中的一个重要里程碑。

2002 年以后修订(含 2009 年、2016 年修正)的《中华人民共和国水法》明确要求"加强城市污水集中处理,鼓励使用再生水,提高污水再生利用率"。

2002 年,国家发展计划委员会、建设部、国家环境保护总局印发了《关于推进城市污水、垃圾处理产业化发展的意见》,明确提出鼓励建设污水再生利用设施,建立有利于鼓励使用再生水替代自然水源的成本补偿与价格激励机制,推动城市污水的再生利用。

2005 年,国务院印发了《关于落实科学发展观加强环境保护的决定》,明确要求推进污水再生利用和垃圾处理与资源化回收。

1.1.2.3 "十一五"期间

2006 年,《中华人民共和国国民经济和社会发展第十一个五年规划纲要》明确要求"扩大再生水利用""扩大再生水使用范围""合理调整水利工程供水、城市供水和再生水价格"。

2006 年,为推动城市污水再生利用技术进步,明确城市污水再生利用技术发展方向和技术原则,指导各地开展污水再生利用规划、建设、运营管理、技术研究开发和推广应用,促进城市水资源可持续利用与保护,积极推进节水型城市建设,建设部、科学技术部联合印发了《城市污水再生利用技术政策》,主要内容包括:①城市污水再生利用是指城市污水经过净化处理,达到再生水水质标准和水量要求,并用于景观环境、城市杂用、工业和农业等用水的全过程。②再生水直接利用是指城市景观用水、城市杂用水和工业用水等用水途径,不包括生态环境用水等用水途径。③城市景观环境用水要优先利用再生水;工业用水和城市杂用水要积极利用再生水;再生水集中供水范围之外的具有一定规模的新建住宅小区或公共建筑,提倡综合规划小区再生水系统及合理采用建筑中水;农业用水要充分利用城市污水处理厂的二级出水。④资源型缺水城市应积极实施以增加水源为主要目标的城市污水再生利用工程,水质型缺水城市应积极实施以削减水污染负荷、提高城市水体水质功能为主要目标的城市污水再生利用工程。⑤2010 年北方缺水城市的再生水直接利用率达到城市污水排放量的 10%~15%,南方沿海缺水城市达到 5%~10%;2015 年北方地区缺水城市达到 20%~25%,南方沿海缺水城市达到 10%~15%,其他地区城市也应开展此项工作,并逐年提高利用率。

2006 年,国家发展改革委会同建设部、环保总局编制了《全国城镇污水处理及再生利用设施"十一五"建设规划》,对"十一五"期间全国城镇污水处理、污泥处理与处置、配套管网及再生利用设施的建设和运营管理进行了统筹规划,这是我国首次制定污水资源化利用专项规划。该规划明确要求:①在北京、天津、河北、山西、陕西、山东、辽宁、吉林、黑龙江、内蒙古、宁夏、甘肃、青海、新疆等北方及沿海地区的缺水城市大力发展再生水利用;②到 2010 年北方缺水城市污水再生利用率达到污水处理量的 20%以上,鼓励其他地区(尤其是沿海地区)根据当地实际情况规划建设规模适当、用户稳定的再生水利用设施;③"十一五"期间,全国新增 680 万 m^3/d 的污水再生利用能力,其中北方缺水城市新增 500 万 m^3/d,南方沿海省市新增 180 万 m^3/d;④采取适当的激励或约束政策,鼓励和引导工业或其他用户使用再生水。

2008 年颁布实施并于 2018 年修正的《中华人民共和国循环经济促进法》明确要求"国家鼓励和支持使用再生水。在有条件使用再生水的地区,限制或者禁止将自来水作为城市道路清扫、城市绿化和景观用水使用"。

1.1.2.4 "十二五"期间

2011 年,《中华人民共和国国民经济和社会发展第十二个五年规划纲要》明确要求"大力推进再生水、矿井水、海水淡化和苦咸水利用"。

2012 年,国务院印发了《关于实行最严格水资源管理制度的意见》,明确提出"鼓励并积极发展污水处理回用、雨水和微咸水开发利用、海水淡化和直接利用等非常规水源开发利用。加快城市污水处理回用管网建设,逐步提高城市污水处理回用比例。非常规水源开发利用纳入水资源统一配置"。

2012 年,国务院办公厅印发了《"十二五"全国城镇污水处理及再生利用设施建设规划》,明确提出:①按照"统一规划、分期实施、发展用户、分质供水"和"集中利用为主、分散利用为辅"的原则,积极稳妥地推进再生水利用设施建设;②各地应因地制宜,根据再生水潜在用户分布、水质水量要求和输配水方式,合理确定各地污水再生利用设施的实际建设规模及布局,在人均水资源占有量低、单位国内生产总值用水量和水资源开发利用率高的地区要加快建设,促进节水减排;③确定再生水利用途径时,宜优先选择用水量大、水质要求相对不高、技术可行、综合成本低、经济和社会效益显著的用水途径;④"十二五"期间,新建污水再生利用设施规模 2 675 万 m³/d,2015 年污水再生利用设施规模达到 3 885 万 m³/d;⑤到 2015 年,城镇污水处理设施再生水利用率达到 15%以上。

2015 年,国务院印发了《水污染防治行动计划》,明确要求:①以缺水及水污染严重地区城市为重点,完善再生水利用设施。②工业生产、城市绿化、道路清扫、车辆冲洗、建筑施工以及生态景观等用水,要优先使用再生水。推进高速公路服务区污水处理和利用。具备使用再生水条件但未充分利用的钢铁、火电、化工、制浆造纸、印染等项目,不得批准其新增取水许可。③自 2018 年起,单体建筑面积超过 2 万 m² 的新建公共建筑,北京市 2 万 m²、天津市 5 万 m²、河北省 10 万 m² 以上集中新建的保障性住房,应安装建筑中水设施。积极推动其他新建住房安装建筑中水设施。④到 2020 年,缺水城市再生水利用率达到 20%以上,京津冀区域达到 30%以上。⑤将再生水、雨水和微咸水等非常规水源纳入水资源统一配置。

2015 年,中共中央、国务院印发了《关于加快推进生态文明建设的意见》,明确要求"积极开发利用再生水、矿井水、空中云水、海水等非常规水源"。

1.1.2.5 "十三五"期间

2016 年,《中华人民共和国国民经济和社会发展第十三个五年规划纲要》明确要求"加快非常规水资源利用,实施雨洪资源利用、再生水利用等工程。用水总量控制在 6 700 亿立方米以内"。

2016 年,国家发展改革委、住房城乡建设部联合印发了《"十三五"全国城镇污水处理及再生利用设施建设规划》,明确提出:①"十三五"期间应进一步统筹规划,合理布局,加大投入,实现城镇污水处理设施建设由"规模增长"向"提质增效"转变,由"重水轻泥"向"泥水并重"转变,由"污水处理"向"再生利用"转变,加快形成"绿色生态、系统协调"的城镇污水处理及再生利用设施建设格局。②按照"集中利用为主、分散利用为辅"的原则,因地制宜确定再生水生产设施及配套管网的规模及布局。③鼓励将污水处理厂尾水经人工湿地等生态处理达标后作为生态和景观用水。再生水用于工业、绿地灌溉、城市杂用水时,宜优先选择用水量大、水质要求不高、技术可行、综合成本低、经济和社会效益显著的用水方案。④"十三五"期间,新增再生水利用设施规模 1 505 万 m^3/d,2020 年再生水生产设施规模达到 4 158 万 m^3/d(不含建制镇)。⑤到 2020 年底,城市和县城再生水利用率进一步提高。京津冀地区不低于 30%,缺水城市再生水利用率不低于 20%,其他城市和县城力争达到 15%。

2017 年,国家发展改革委、水利部、住房城乡建设部印发了《节水型社会建设"十三五"规划》,明确要求:①加大雨洪资源、海水、中水、矿井水、微咸水等非常规水源开发利用力度,实施再生水利用、雨洪资源利用、海水淡化工程,把非常规水源纳入区域水资源统一配置。②以缺水及水污染严重地区城市为重点,加大污水处理力度,完善再生水利用设施,逐步提高再生水利用率。③工业生产、农业灌溉、城市绿化、道路清扫、车辆冲洗、建筑施工及生态景观等领域优先使用再生水。④具备使用再生水条件但未充分利用的钢铁、火电、化工、造纸、印染等高耗水项目,不得批准其新增取水许可。⑤缺水城市再生水利用率达到 20%以上。

2017 年,水利部印发了《关于非常规水源纳入水资源统一配置的指导意见》,明确要求:①缺水地区、地下水超采区和京津冀地区,具备使用再生水条件的高耗水行业应优先配置再生水。②河道生态补水、景观用水应优先配置再生水和集蓄雨水。③缺水地区、地下水超采区和京津冀地区,城市绿化、冲厕、道路清扫、车辆冲洗、建筑施工、消防等用水应优先配置再生水和集蓄雨水。

2019 年,国家发展改革委、水利部联合印发了《国家节水行动方案》,明确要求:①加强再生水、海水、雨水、矿井水和苦咸水等非常规水多元、梯级和安全利用。②城市生态景观、工业生产、城市绿化、道路清扫、车辆冲洗和建筑施工等,应当优先使用再生水。③洗车、高尔夫球场、人工滑雪场等特种行业积极推广循环用水技术、设备与工艺,优先利用再生水、雨水等非常规水源。④统筹利用好再生水、雨水、微咸水等用于农业灌溉和生态景观。⑤到 2020 年,缺水城市再生水利用率达到 20%以上。

1.1.2.6 "十四五"期间

2021 年,《中华人民共和国国民经济和社会发展第十四个五年规划和2035 年远景目标纲要》明确要求"鼓励再生水利用""(2025 年)地级及以上缺水城市污水资源化利用率超过 25％"。

2021 年,国家发展改革委、科技部、工业和信息化部、财政部、自然资源部、生态环境部、住房城乡建设部、水利部、农业农村部、市场监管总局联合印发了《关于推进污水资源化利用的指导意见》,明确提出"污水资源化利用是指污水经无害化处理达到特定水质标准,作为再生水替代常规水资源,用于工业生产、市政杂用、居民生活、生态补水、农业灌溉、回灌地下水等,以及从污水中提取其他资源和能源"。明确要求:①在城镇、工业和农业农村等领域系统开展污水资源化利用,以缺水地区和水环境敏感区域为重点,以城镇生活污水资源化利用为突破口,以工业利用和生态补水为主要途径,做好顶层设计,加强统筹协调,完善政策措施,强化监督管理,开展试点示范,推动我国污水资源化利用实现高质量发展。②将污水资源化利用作为节水开源的重要内容,再生水纳入水资源统一配置,全面系统推进污水资源化利用工作。③根据本地水资源禀赋、水环境承载力、发展需求和经济技术水平等因素分区分类开展污水资源化利用工作,实施差别化措施。科学确定目标任务,合理选择重点领域和利用途径,实行按需定供、按用定质、按质管控。④以现有污水处理厂为基础,合理布局再生水利用基础设施。⑤丰水地区结合流域水生态环境质量改善需求,科学合理确定污水处理厂排放限值,以稳定达标排放为主,实施差别化分区提标改造和精准治污。缺水地区特别是水质型缺水地区,在确保污水稳定达标排放前提下,优先将达标排放水转化为可利用的水资源,就近回补自然水体,推进区域污水资源化循环利用。资源型缺水地区实施以需定供、分质用水,合理安排污水处理厂网布局和建设,在推广再生水用于工业生产和市政杂用的同时,严格执行国家规定水质标准,通过逐段补水的方式将再生水作为河湖湿地生态补水。⑥具备条件的缺水地区可以采用分散式、小型化的处理回用设施,对市政管网未覆盖的住宅小区、学校、企事业单位的生活污水进行达标处理后实现就近回用。⑦火电、石化、钢铁、有色、造纸、印染等高耗水行业项目具备使用再生水条件但未有效利用的,要严格控制新增取水许可。⑧制定区域再生水循环利用试点、典型地区再生水利用配置试点、工业废水循环利用、污泥无害化资源化利用、国家高新区工业废水近零排放科技创新试点等实施方案,细化工作重点和主要任务,形成污水资源化利用"1＋N"政策体系。⑨到 2025 年,全国地级及以上缺水城市再生水利用率达到 25％以上,京津冀地区达到 35％以上。

2021 年,国家发展改革委、水利部、住房城乡建设部、工业和信息化部、农业农村部联合印发了《"十四五"节水型社会建设规划》,明确要求:①将再生水、海水及淡化海水、雨水、微咸水、矿井水等非常规水源纳入水资源统一配置,逐年扩大利用规模和比例。②以现有污水处理厂为基础,坚持集中与分布相结合,合理布局建设污水资源化利用设施。③鼓励结合组团式城市发展,建设分布式污水处理再生利用设施。④缺水地区城市新建城区提前规划布局再生水管网、调蓄设施、人工湿地净化设施等,有序开展建设。⑤完善污水资源化利用政策体系,制定"1+N"实施方案。⑥创新服务模式,鼓励第三方机构提供污水资源化利用整体方案。⑦缺水地区坚持以需定供,分质、分对象用水,推进再生水优先用于工业生产、市政杂用、生态用水。⑧在高尔夫球场、人工滑雪场、洗车等高耗水服务业优先利用再生水、雨水等非常规水源,全面推广循环利用水技术工艺。⑨到2025年,全国地级及以上缺水城市再生水利用率超过 25%。

2023年,水利部、国家发展改革委联合印发了《关于加强非常规水源配置利用的指导意见》,明确提出到2025年,全国非常规水源利用量超过170亿 m^3,地级及以上缺水城市再生水利用率达到 25% 以上;到2035年,建立起完善的非常规水源利用政策体系和市场机制,非常规水源经济、高效、系统、安全利用的局面基本形成。明确要求:①编制流域综合规划、水资源综合规划等水利综合规划时,应当科学制定水资源配置方案,将非常规水源纳入水资源供需平衡分析与配置体系。编制节约用水规划、非常规水源利用规划等水利专业规划时,应充分考虑非常规水源的用水需求、供水能力和设施布局,明确非常规水源最低配置量、配置对象及水源类型,统筹推进非常规水源配置利用设施建设和提质改造。②将非常规水源利用量纳入用水总量和强度双控指标体系,按年度把全国非常规水源利用量控制目标分解配置到各省(自治区、直辖市),各省(自治区、直辖市)结合实际进一步分解配置到市、县级行政区,有条件的地区进一步分解到水源类型及重点行业。③将非常规水源合理纳入计划用水管理,核定年度用水计划时,对于具备利用非常规水源条件的用水户配置非常规水源。下达的用水计划应当明确非常规水源计划用水指标,对常规水源实行超定额超计划加征水资源税(费)或加价。按计划可以利用非常规水源而未利用的,核减其下一年度常规水源的计划用水指标。④规划和建设项目水资源论证、节水评价时,严格论证非常规水源配置利用的政策符合性及利用规模、方式、对象等的合理性,科学制定非常规水源利用措施方案,发挥已建非常规水源开发利用设施效能,促进非常规水源应用尽用。缺水地区、水资源超载地区建设项目新增取水未论证非常规水源利用的,不得批准其新增取水许可。⑤推动落实减免水资源税(费)、企业所得税等税费优惠政策,降低非常规水源生产和使用成本,逐步消除非常规水源与外调水、地表水、地下水的价格劣势。培育壮大非常规水源交易市场，鼓励交易双方依据市场化原则自主协商定价，增强相关经营主体开发利用非常规水源的内生动力。⑥将非常规水源配置利用情况纳入最严格水资源管理制度考核，重点考核非常规水源利用量目标完成情况，各级行政区非常规水源利用量超过年度目标时，超过部分不计入用水总量考核指标。对非常规水源利用设施等节水设施与主体工程同时设计、同时施工、同时投产情况进行监督检查，必要时对水量、水质开展监督性计量监测，督促非常规水源供水单位落实安全风险防控责任。⑦统筹将再生水用于工业生产、城市杂用、生态环境、农业灌溉等领域，稳步推进典型地区再生水利用配置试点。以缺水地区、水资源超载地区为重点，将再生水作为工业生产用水的重要水源，推行再生水厂与企业间"点对点"配置，推进企业内部废污水循环利用，支持工业园区废水集中处理及再生利用；河湖湿地生态补水、造林绿化、景观环境用水、城市杂用等，在满足水质要求条件下，优先配置再生水；有条件的缺水地区，按照农田灌溉用水水质标准要求，稳妥推动再生水用于农业灌溉。⑧结合海绵城市建设，因地制宜提升公园、绿地、建筑、道路、广场等雨水资源综合利用水平。西北、华北缺水山区，西南岩溶地区以及沿海地区和海岛，结合地形地貌建设水池、水窖、坑塘等工程收集、处理雨水。水质型缺水地区，结合治污减排，积极推进雨污分流和雨水收集利用。因地制宜推广农业集雨节水灌溉技术，用于农业补充灌溉。⑨把海水作为沿海水资源的重要补充和战略储备，加强海水直接利用。沿海火电、核电及石化、化工、钢铁等重点用水行业在技术成熟的基础上推广海水作为冷却用水，鼓励脱硫、冲洗类工艺环节用水优先利用海水。支持沿海海域滩涂和盐渍化地区科学发展海水增养殖业和海水灌溉农业，推广海水源热泵技术。探索在消除含海水废污水对生态环境影响前提下，城市市政、消防、冲厕等领域直接利用海水。⑩西北、华北、两淮、云贵等煤矿矿坑涌水量丰富的地区，应统筹加强矿坑（井）水利用。矿区生产应充分使用矿坑（井）水。对于周边具备矿坑（井）水供水条件且水质满足利用要求的工业企业，在办理取水许可时应合理配置矿坑（井）水。具备条件地区在矿坑（井）水水质符合农田灌溉水质标准前提下，可推广用于农业灌溉。⑪西北及沿海地区等微咸水丰富的缺水地区，在不影响生态环境安全、不造成土壤盐碱化的前提下，稳妥发展咸淡混灌、咸淡轮灌等微咸水灌溉利用模式，因地制宜推广种植耐盐碱作物品种。在农村供水水源不足地区，可因地制宜加强微咸水淡化处理利用，作为生产、生活供水的补充水源。

《节约用水条例》2024 年 5 月 1 日起正式施行，从法制层面保障海水淡化水等非常规水的利用。要求县级以上地方人民政府应当统筹规划、建设污水资源化利用基础设施,促进污水资源化利用。城市绿化、道路清扫、车辆冲洗、建筑施工以及生态景观等用水,应当优先使用符合标准要求的再生水。

1.1.2.7 小结

通过系统梳理中华人民共和国成立 70 多年来污水资源化利用的发展历程、污水资源化利用政策的发展趋势和现状,可以看出:

(1) 我国污水资源化利用政策的发展历程

①我国在改革开放以前就开展了污水资源化利用的有益探索,但该时期尚未正式形成"污水资源化利用"的概念,未颁布污水资源化利用的法律法规和政策文件。②改革开放以后至 2000 年,我国开展了污水资源化利用试点工作,正式提出了"污水资源化"的概念,并先后颁布了《中华人民共和国水污染防治法》(1984 年)、《城市节约用水管理规定》(1988 年)、《城市污水处理及污染防治技术政策》(2000 年)、《国务院关于加强城市供水节水和水污染防治工作的通知》(2000 年)等法律法规和政策文件。③自"十五"以来,即 2001 年以后,我国制定出台的污水资源化利用相关法律法规和政策文件明显增多,其中两个重要里程碑是在"十五"期间首次将污水资源化利用纳入了国民经济和社会发展计划纲要、在"十一五"期间首次制定了城镇污水处理再生利用设施建设专项规划。同时,我国还先后出台了《中华人民共和国水法》(2002 年)、《关于推进城市污水、垃圾处理产业化发展的意见》(2002 年)、《国务院关于落实科学发展观加强环境保护的决定》(2005 年)、《城市污水再生利用技术政策》(2006 年)、《中华人民共和国循环经济促进法》(2008 年)、《国务院关于实行最严格水资源管理制度的意见》(2012 年)、《水污染防治行动计划》(2015 年)、《中共中央 国务院关于加快推进生态文明建设的意见》(2015 年)、《节水型社会建设"十三五"规划》(2017 年)、《水利部关于非常规水源纳入水资源统一配置的指导意见》(2017 年)、《国家节水行动方案》(2019 年)、《关于推进污水资源化利用的指导意见》(2021 年)、《"十四五"节水型社会建设规划》(2021 年)、《关于加强非常规水源配置利用的指导意见》(2023 年)、《节约用水条例》(2024 年)等十余项污水资源化利用法律法规和政策文件,极大地促进了我国污水资源化利用工作的开展。

(2) 我国污水资源化利用政策的发展趋势

①在再生水利用原则方面,我国一以贯之坚持"集中利用为主、分散利用为辅"的原则。②在再生水利用重点区域方面,我国在污水资源化利用相关法律法

规和政策文件中,大致采用了水资源紧缺城市(有的又细分为资源型缺水城市、水质型缺水城市),缺水地区、地下水超采区和京津冀地区,北方及沿海地区缺水城市,缺水及水污染严重地区城市,缺水地区和水环境敏感区域,全国地级及以上缺水城市等口径,范围上趋于明确和扩大。③在再生水利用重点领域方面,我国法律法规和政策规定逐渐清晰,截至目前明确提出了工业生产、市政杂用、居民生活、生态补水、农业灌溉、回灌地下水等再生水利用重点领域。④在再生水利用率方面,我国在污水资源化利用相关法律法规和政策文件中要求逐步提高:2020年,京津冀地区不低于30%,缺水城市再生水利用率不低于20%,其他城市和县城力争达到15%;2025年,全国地级及以上缺水城市再生水利用率达到25%以上,京津冀地区达到35%以上。

1.2 省区层面政策

据不完全统计,各地出台了直接面向再生水利用的法规、规章与政策性文件共计44部,其中地方性法规4部、地方政府规章24部、地方规范性文件16部。北京、天津、宁波、昆明、西安、呼和浩特等城市在再生水利用立法方面发展较快,率先在再生水利用领域颁布实施地方性法规、政府规章,有力推动了当地再生水事业的发展。

1.2.1 地方性法规

目前,天津、宁波、呼和浩特、西安4个城市针对再生水利用出台了地方性法规,制定了相关条例。

(1)《天津市城市排水和再生水利用管理条例》(2003年施行)

天津市于2003年12月施行了《天津市城市排水和再生水利用管理条例》,这是我国首部对再生水利用与管理进行规范的地方性法规,在全国率先以立法的形式对再生水利用的规划、建设、设施管理、水质水量等做出了规定。2005年7月对该条例进行了修正,进一步明确了再生水的使用范围,增加了有关不使用再生水的法律责任,强化了再生水的推广利用,加大了再生水行政管理的力度。2012年5月9日对该条例进行了第二次修正。2024年4月1日,此条例由《天津市城镇排水和再生水利用管理条例》替代。

(2)《宁波市城市排水和再生水利用条例》(2008年施行)

《宁波市城市排水和再生水利用条例》自2008年3月1日起施行,明确了城市排水行政主管部门在再生水利用方面的责任。鼓励建设再生水利用设施,在再生水供水区域内再生水水质符合用水标准,有下列情形的,应当优先使用再生水:城市绿化、环境卫生、车辆冲洗、建筑施工等市政设施用水;冷却用水、洗涤用水、工艺用水等工业生产用水;观赏性景观用水、湿地用水等环境用水;其他适宜使用再生水的。明确了损害城市排水设施和再生水利用设施的行为:占压、堵塞、损坏城市排水设施和再生水利用设施;在排水、再生水利用管网覆盖面上植树、打桩、埋设线杆及其他标志物、挖坑取土;在城市排水设施和再生水利用设施的安全保护范围内修建影响安全的建筑物、构筑物或者设置妨碍维修的设施;向城市排水管道倾倒垃圾、施工泥浆、粪便等废弃物;向城市排水管道排放有毒有害、易燃易爆等物质;其他危害城市排水设施和再生水利用设施的行为。2020 年 12 月 29 日对该条例进行了修订。

(3)《呼和浩特市再生水利用管理条例》(2020 年施行)

《呼和浩特市再生水利用管理条例》于 2020 年 1 月 1 日起正式实施,是全国设区市制定出台的第一部专门针对再生水利用的地方性法规。《呼和浩特市再生水利用管理条例》共 28 条,对再生水利用经费保障、利用设施建设管理与保护、再生水水质标准、再生水使用范围、经营单位权责等内容进行了规范。将再生水纳入水资源统一配置,为全面推进再生水的发展提供了政策依据,也让《呼和浩特市再生水利用管理条例》在实施过程中有了明确的政策导向和依据。在加强再生水利用设施建设的同时,对禁止损害再生水利用设施做出专门规定,一方面加强对再生水利用设施的保护,另一方面确保再生水使用安全。

(4)《西安市城市污水处理和再生水利用条例》(2012 年施行)

《西安市城市污水处理和再生水利用条例》于 2012 年 8 月 29 日西安市第十五届人民代表大会常务委员会第三次会议通过,2012 年 9 月 27 日陕西省第十一届人民代表大会常务委员会第三十一次会议批准。根据 2016 年 12 月 22 日西安市第十五届人民代表大会常务委员会第三十六次会议通过,2017 年 3 月 30 日陕西省第十二届人民代表大会常务委员会第三十三次会议批准的《西安市人民代表大会常务委员会关于修改〈西安市保护消费者合法权益条例〉等 49 部地方性法规的决定》第一次修正。根据 2018 年 8 月 31 日西安市第十六届人民代表大会常务委员会第十三次会议通过,2018 年 9 月 28 日陕西省第十三届人民代表大会常务委员会第五次会议批准的《西安市人民代表大会常务委员会关于修改〈西安市城市饮用水源污染防治管理条例〉等五部地方性法规的决定》第二次修正。根据 2020 年 10 月 21 日西安市第十六届人民代表大会常务委员会第三十七次会议通过,2020 年 11 月 26 日陕西省第十三届人民代表大会常务委员会第二十三次会议批准的《西安市人民代表大会常务委员会关于修改〈西安市保护消费者合法权益条例〉等 65 部地方性法规的决定》第三次修正。《西安市城市污水处理和再生水利用条例》共 49 条,对再生水利用主管部门进行了明确,对城市污水处理和再生水利用规划和建设、再生水纳入水资源统一配置、再生水利用设施的维护、相关法律责任等内容进行了规范。

1.2.2　地方政府规章

据不完全统计,北京、天津、河北、辽宁、黑龙江、安徽、山东、四川、云南、宁夏、内蒙古 11 个省(自治区、直辖市)的 16 个城市,以及深圳、大连、宁波、青岛4 个计划单列市颁布了直接针对再生水利用的地方规章和规范性文件,如《北京市中水设施建设管理试行办法》《北京市排水和再生水管理办法》《沈阳市再生水利用管理办法》《昆明市再生水管理办法》《昆明市城市再生水利用专项资金补助实施办法》等。

(1)《北京市中水设施建设管理试行办法》(1987 年 6 月施行)

1987 年,北京市颁布了《北京市中水设施建设管理试行办法》,这是我国首部关于中水利用的地方性规章。该规章规定:建筑面积超过 2 万 m^3 的旅馆、饭店和公寓,超过 3 万 m^3 的机关、科研单位、大专院校和大型文化、体育等建筑都要建中水设施。2020 年 11 月对该办法进行了修改。之后,山东、深圳、大连、济南也相继出台了中水利用的管理暂行办法或管理办法。我国中水设施建设开始进入依法实施的阶段。

(2)《北京市排水和再生水管理办法》(2010 年 1 月施行)

北京市自 2004 年成立水务局以来,不断加大再生水利用工作力度。2009 年出台了《北京市排水和再生水管理办法》,规范了再生水使用范围。再生水主要用于工业、农业、环境等用水领域。新建、改建工业企业、农田灌溉应当优先使用再生水;河道、湖泊、景观补充水优先使用再生水;再生水供水区域内的施工、洗车、降尘、园林绿化、道路清扫和其他市政杂用用水应当使用再生水。赋予水行政主管部门再生水管理职责,明确水行政主管部门承担排水设施管理职能,规定"城镇地区公共排水和再生水设施运营单位,由水行政主管部门会同有关部门确定。专用排水和再生水设施由所有权人负责运营和养护,并承担相应资金。其中,住宅区实行物业管理的,由业主或者其委托的物业服务企业负责;有住宅管理单位的,由住宅管理单位负责"。为加强北京市公共排水和再生水设施的建设、运营管理,规范公共排水、再生水设施建设和运营养护工作,根据《北京市排水和再生水管理办法》和有关法律法规,北京市水务局印发了《北京市排水和再生水设施建设管理暂行规定》和《北京市排水和再生水设施运行管理暂行规定》。

(3)《昆明市城市再生水利用专项资金补助实施办法》(2009 年 4 月实施)

2009 年,昆明市人民政府办公厅印发了《昆明市城市再生水利用专项资金补助实施办法》,率先建立再生水利用补助与设施补建的资金补助机制。明确了在按月抽检水质并达标的前提下,按实际处理使用的再生水水量给予再生水利用设施管理单位 0.7 元/m³ 的再生水利用资金补助;规范了住宅小区等有关单位补建分散式再生水利用设施的资金补助标准及操作细则。

(4)《昆明市再生水管理办法》(2010 年 10 月施行)

《昆明市再生水管理办法》明确了昆明市再生水的管理体制,由市水行政主管部门主管本行政区域内的再生水工作。发展改革、环境保护、滇管、规划、住建、园林绿化等部门按照各自职责,共同做好再生水管理的相关工作。管理办法突出了三方面内容:一是范围扩大到昆明市行政区域;二是突出了分散式再生水利用设施委托具有环境污染治理设施运营资质的专业公司进行运行管理的要求;三是突出了再生水利用的保障措施。

(5)《沈阳市再生水利用管理办法》(2020 年 3 月施行)

《沈阳市再生水利用管理办法》规定沈阳市人民政府水行政主管部门负责本市再生水利用的规划和监督管理,区、县(市)人民政府水行政主管部门负责本行政区域内再生水利用的监督管理。水行政主管部门应当将再生水利用纳入水资源的供需平衡体系,实行水资源统一配置。明确了应当优先使用再生水的六种情形,并且明确再生水的价格应当以补偿成本和合理收益为原则,综合考虑本地区水资源条件、产业结构和经济状况,根据再生水的投资运行成本、供水规模、供水水质、用途等因素合理确定。规定沈阳市人民政府每年应当对区、县(市)再生水利用情况进行考核。

地方性再生水利用法规、规章见表 1-1。

表 1-1 地方性再生水利用法规和规章

类别	地区	名称	施行时间
法规	天津	《天津市城市排水和再生水利用管理条例》	2003 年 12 月 1 日
	浙江	《宁波市城市排水和再生水利用条例》	2008 年 3 月 1 日
	内蒙古	《呼和浩特市再生水利用管理条例》	2020 年 1 月 1 日
	陕西	《西安市城市污水处理和再生水利用条例》	2012 年 12 月 1 日

类别	地区	名称	施行时间
规章	北京	《北京市中水设施建设管理试行办法》	1987 年 6 月 1 日
		《北京市排水和再生水管理办法》	2010 年 1 月 1 日
	天津	《天津市再生水利用管理办法》	2015 年 10 月 1 日
	河北	《邯郸市城市再生水利用管理办法》	2020 年 2 月 1 日
		《唐山市城市再生水利用管理暂行办法》	2006 年 11 月 1 日
	辽宁	《沈阳市再生水利用管理办法》	2020 年 3 月 1 日
		《大连市城市中水设施建设管理办法》	1994 年 10 月 10 日
	黑龙江	《哈尔滨市再生水利用管理办法》	2012 年 2 月 1 日
	安徽	《合肥市再生水利用管理办法》	2018 年 10 月 1 日
		《淮北市城市中水利用管理办法》	2009 年 9 月 23 日
	山东	《山东省城市中水设施建设管理规定》	1998 年 10 月 7 日
		《济南市城市中水设施建设管理暂行办法》	2003 年 1 月 1 日
		《烟台市城市再生水利用管理办法》	2013 年 7 月 1 日
		《潍坊市城市中水设施建设管理办法》	2011 年 7 月 8 日
		《临沂市城市中水设施建设管理暂行办法》	2010 年 4 月 19 日
		《青岛市城市再生水利用管理办法》	2004 年 2 月 1 日
	云南	《昆明市再生水管理办法》	2010 年 10 月 1 日
		《昆明市城市再生水利用专项资金补助实施办法》	2009 年 4 月 1 日
		《昆明市城市中水设施建设管理办法》	2004 年 5 月 1 日
		《安宁市再生水利用管理办法》	2015 年 5 月 15 日
	宁夏	《银川市再生水利用管理办法》	2007 年 11 月 1 日
	内蒙古	《包头市再生水管理办法》	2012 年 8 月 1 日
	广东	《深圳市再生水利用管理办法》	2014 年 1 月 22 日
	福建	《厦门市城市再生水开发利用实施办法》	2015 年 10 月 15 日

1.3 存在的问题及不足

1.3.1 再生水利用资金投入政策不完善

(1) 政府对再生水厂与输配管网建设投入尚不足,再生水利用设施建设滞后

再生水利用工程具有投入大、资金回收期长、公益性较强、利润微薄等特点。考虑到我国区域经济差异大,多数中西部缺水城市的再生水利用设施建设的投入更低。

（2）融资渠道比较单一，社会资本融资的积极性不高

城市污水处理设施及配套管网的建设资金大、投资回收慢，是现阶段城市再生水利用发展面临的一大难题。由于城市再生水利用相对于城市供水具有更强的公益性，所以政府和公共财政应发挥的作用要远远大于供水领域，这种作用应更多体现在政府加大投资建设再生水利用设施以及制定吸引和鼓励社会资本参与建设的优惠扶持政策等方面。

从目前各地城市再生水利用设施资金筹措现状看，由于缺乏多元化的投资渠道，吸引社会资本投资的激励性措施、外资和民营资本投资出现瓶颈效应，抑制了社会资本参与城市再生水利用项目的积极性。融资能力不足问题仍制约着城市再生水利用设施建设的发展。

1.3.2　再生水利用价格政策不明确

（1）缺乏再生水水价的定价政策

我国很多城市已开展再生水利用，却没有明确的再生水价格政策。多数城市没有制定再生水价格的管理办法或出台政策性文件。分质供水、分质定价的再生水价格体系没有形成，不利于调动再生水生产企业的积极性，在一定程度上也限制了再生水利用的发展。

（2）再生水与自来水没有形成合理的价差

目前，我国的再生水水价总体并不高。就工业使用再生水的价格而言，北京、大同等城市的再生水价格高于 1 元$/m^3$，其他市县在 1 元$/m^3$ 左右甚至更低。但由于我国城市自来水的水价也较低，再生水的价格优势难以显现，因而用户使用再生水的积极性较低，工厂企业更愿意使用自来水，这限制了再生水市场的培育，影响了再生水的利用。

1.3.3　再生水利用优惠与激励政策不健全

为了推动城市再生水利用事业的发展，国家和地方相继出台实施了一系列激励、优惠政策。但目前实施的城市再生水利用优惠政策缺乏具体配套措施，可操作性弱；优惠扶持政策的受益范围较小，尤其是再生水使用的电价优惠政策、免征水资源费和污水处理费等政策只在极个别省份实施；缺乏强制性执行的政策等。这些问题不仅削弱了政策的执行效果，同时也影响了城市再生水利用事业的发展。

1.3.4　再生水利用配置规划政策不完善

由于受相关政策衔接和各地配套政策力度不一等因素的影响,再生水纳入水资源统一配置仍面临一些制约。目前,除了北京等少数地区,绝大多数城市缺乏水资源综合利用的统筹,没有将再生水纳入城市水资源配置体系,没有将再生水管网设施划归市政基础设施或水利基础设施。在当地的水资源综合规划或水利基础设施建设等相关规划中无法体现再生水开发利用的内容,不利于再生水厂及管网的建设,影响再生水的推广使用。

1.3.5　再生水利用技术研发与推广扶持政策缺乏

20 世纪 90 年代以来,我国不断探索污水深度处理关键技术,并在工艺设计与设施国产化方面做出了不懈努力,取得了一些突破性成果,与国外整体差距并不大。但由于国内设备品种不全、结构不合理、产品质量不稳定等,其关键设备、关键部件主要依靠进口,一些核心技术还未掌握。国产化设备的质量、正常运行率、使用年限等还未达到世界先进水平,自主技术和产业发展形势仍十分严峻。

再生水利用在未来将形成一个很大的市场,国内如不能掌握关键技术,将难以在市场上赢得一席之地,不利于我国再生水利用产业的良性发展。但当前对再生水利用的技术研发、创新与推广,仍缺乏有效的扶持政策,对技术创新与应用激励不足,这制约了设备国产化发展,成为亟待解决的问题。

2

国外典型地区再生水利用经验做法

2.1 美国再生水利用

美国幅员辽阔,水资源总量较为充沛,但西部地区水资源比较紧张,东部地区局部时空分布不均,也存在一定的供用水压力。美国目前基本完成城镇化进程,国家制定了再生水利用指南及行动计划,地方也颁布了再生水利用的法律法规及设计标准。美国开展再生水利用相关科学问题研究的时间较早,再生水利用工程已广泛分布在水资源短缺、地下水严重超采的加利福尼亚、佛罗里达等州。美国当前再生水利用总量约为 66 亿 m^3(利用率约 6%),主要用途包括农业灌溉、城市杂用、工业利用等。

2.1.1 联邦政策及战略计划

美国污水回用相关法律法规及指导文件制定工作开展时间较早。早在 1992 年,美国环保署(EPA)就制定了《污水回用建议指导书》,为各州再生水回用提供指导。到 2002 年,大部分州已颁布再生水相关法律法规及技术指南。2004 年,美国环保署发布《污水回用指南》,针对再生水的不同用途,将污水处理方法分为不同等级;2012 年,发布《污水回用指南》(修订版),即《2012 污水回用指南》,该指南将污水再生利用分为城市用水、农业用水、蓄水、环境用水、工业用水、地下水补给、饮用性利用等 7 大类。各州可在该指南的基础上,根据自身水资源的实际需求,在保证保护环境、有价回用及人类健康的前提下设计、建设和运行再生水工程。目前,美国有 31 个州颁布了再生水相关法律法规,15 个州颁布了再生水指南或设计标准。

面对气候变化和持续性干旱,美国环保署于 2020 年发布的《国家水再利用行动计划》提出 11 个重点方向、37 项行动举措(见表 2-1),号召联邦、州、地方部门和私营部门等建立伙伴关系,协作解决关键技术、政策及计划实施等问题,全面推进水的再利用,以增强国家水资源的安全保障、可持续性和韧性。

表 2-1 《国家水再利用行动计划》重点方向及行动举措

重点方向	行动举措
1. 流域综合行动:在流域尺度上考虑再生水利用的全面协作行动	1. 制定联邦政策声明,支持和鼓励在流域规划中考虑水的再利用(行动 1.1) 2. 在资源综合管理框架下准备再生水利用的成功案例研究(行动 1.2) 3. 结合 EPA 水伙伴计划,考虑在流域层面上开展水资源综合管理框架下的再生水利用(行动 1.4)

重点方向	行动举措
2. 政策协调：协调和整合联邦、州、部落和地方的再生水利用计划和政策	4. 汇编各州现有的水资源再利用政策和方法(行动2.1) 5. 加强各州水再利用协作(行动2.2) 6. 完成EPA石油和天然气开采废水管理研究(行动2.3) 7. 通过地方预处理加强污水源头控制，以增加市政污水再利用的机会(行动2.4) 8. 编制信息材料，说明国家污染物排放消除系统许可证(NPDES)如何促进再生水利用(行动2.6) 9. 利用现有的联邦跨部门工作组作为协调联邦机构参与水资源再利用平台(行动2.7) 10. 协调政策和沟通工具推动对未使用和过期药品的管理，以支持水的再利用和回收(行动2.9) 11. 利用美国农业部现有计划，鼓励考虑和整合农业用水的重复使用(行动2.12) 12. 开展对部落的培训，以提高水资源再利用能力(行动2.15) 13. 通过识别挑战、机遇和机构协作模式，支持地方和地区的再生水项目(行动2.16) 14. 提议美国陆军工程师兵团在全国开展再生水利用许可(行动2.17)
3. 科学和规范：编制和完善适用规范	15. 编制适用性规范(行动3.1) 16. 召集专家研究城市暴雨收集利用的机遇和挑战(行动3.3) 17. 研发工具以支持非饮用水现场再利用系统建设(行动3.4) 18. 评估食品动物蛋白加工过程中潜在废水再利用规范(行动3.5)
4. 技术开发和验证：促进技术开发、部署和验证	19. 建立新墨西哥州水研究联盟，研究和弥补再生水场外使用的科学技术差距(行动4.2) 20. 通过美国能源部水安全挑战计划，支持再生水利用(行动4.3) 21. 在大型建筑物中推广使用空冷冷凝水回用标准、方法、工具和技术(行动4.5)
5. 水信息获取：增强水信息(水质和水量)的可获取性	22. 美国农业部在流域层面的试点项目共享水资源信息，支持水资源再利用行动(行动5.1) 23. 开展全国水资源可用量综合评估(行动5.4)
6. 金融支持：为水的再利用提供资金支持	24. 汇总联邦政府现有的水资源再利用资金安排，开发跨机构决策支持工具(行动6.1) 25. 各州确认利用清洁饮用水循环基金开展再生水工程的资格(行动6.2a) 26. 继续积极争取利用水利基础设施和投融资创新法案预算支持再生水利用(行动6.2b) 27. 汇总和促进美国农业部现有投资和资源，支持农村社区行动(行动6.4)
7. 综合研究：整合和协调关于水的再利用研究	28. 制定协调一致的国家水资源再利用研究战略(行动7.2) 29. 增加对当前含水层储水及回补实践的了解(行动7.4) 30. 在联邦小型商业创新研究项目中协调和推广再生水利用技术(行动7.5) 31. 美国垦务局制定高级水处理研究路线图(行动7.6)
8. 外联和沟通：改善再生水利用的外联和沟通	32. 编制水再利用计划的宣传材料(行动8.1) 33. 为私营企业设立再生水利用冠军奖(行动8.4)

续表

重点方向	行动举措
9. 人力资源发展:提供人才资源支持	34. 支持和促进再生水利用技术力量的发展(行动 9.2)
10. 成功指标:研究再生水利用指标体系,以衡量目标实现情况及措施落实进展	35. 促进实施《国家水再利用行动计划》(行动 10.3)
11. 国际合作:借鉴国际伙伴经验	36. 推动美国和以色列在再生水利用技术、科学和政策方面的合作(行动 11.1) 37. 提高全球对再生水利用及行动计划的认识(行动 11.2)

2.1.2 加利福尼亚州(简称加州)再生水利用发展

加利福尼亚州的水回收与再利用活动历史悠久,早在 1918 年便制定了美国第一部关于再生水农业灌溉的法规。南加州再生水的成本远低于长距离输水,因而对该地区具有一定吸引力。水回收、循环利用和再利用是加州及许多缺水地区水资源规划和管理不可或缺的内容。从历史上看,推动水资源循环利用的目的包括补充稀缺的水资源和提供替代性污水处理方案,以避免将污水直接排入地表水体。加州水资源管理委员会于 2009 年发布了一项"再生水政策"(2013 年进行了修订),目的就是简化再生水项目的许可证发放标准,在保障公共卫生和水质的前提下,推进再生水利用,实现对地表水体和地下水的可持续管理,同时加强水资源保护。加州从 50 年前开始实施计划性再生水饮用回用实践,即计划性间接饮用回用(IPR)项目。加州的经验表明,IPR 等计划性饮用回用项目可以在不对公共卫生产生任何明显有害影响的前提下实施。

加州 2001 年制定了关于再生水利用的严格标准,遵循"优质优用"原则,规定了再生水水源和不同水质处理标准的允许用途以及 43 项处理标准要求。

为进一步推进再生水利用,加州水资源管理委员会于 2018 年制定了《地表水增加条例》(SWA 条例,2018 年 10 月 1 日生效),为将再生水注入水库作为新增水源确定了最低的统一标准;增加水库增水项目的许可证发放指南;更新针对地下水回灌和水库增水(再生水)中新型污染物的监测要求。2015 年,加州再生水利用量为 8.79 亿 m^3/a,其中农业灌溉占 30%,景观灌溉占 18%,地下水回补占 16%。新政策明确,2020 年加州再生水利用量达到 18.5 亿 m^3,2030 年达到 30.8 亿 m^3,占新增水源的 40% 左右。洛杉矶计划到 2035 年,再生水利用量达到其饮用水总量的 70%。

当前,再生水利用主要分为两种类型,即非饮用回用(NPR)和计划性饮用回用(PR)。

非饮用回用(NPR)是指将再生水用于饮用以外的其他目的,包括农业、景观灌溉、工业过程、马桶冲水、建筑施工、人造湖和其他非饮用用途。20世纪60年代和70年代初施行的再生水利用指引和法规(仅涉及非饮用回用)体现了当时最先进的技术水平和公共卫生官员采用的保守方法。

计划性饮用回用(PR)涉及用再生水扩充饮用水水源。计划性饮用回用包括两种类型:计划性间接饮用回用(IPR)和直接饮用回用(DPR)。

计划性间接饮用回用(IPR):将再生水引入一个环境缓冲水体(如地下含水层或水库),对混合后的水进行常规水处理和(或)消毒,然后再将其引入供水系统。针对地下含水层、水库,IPR又分以下两种形式。

① 地下水回灌间接饮用回用(IPR-GWR):有计划地用再生水补给被指定为公共供水系统供水水源的地下水流域或含水层。

② 地表水增水(IPR-SWA):有计划地将再生水注入作为公共供水系统生活饮用水水源的地表水库,以增加地表水水源。

图2.1中,地面渗水法通过土壤含水层处理系统对污水进行进一步污染控制,

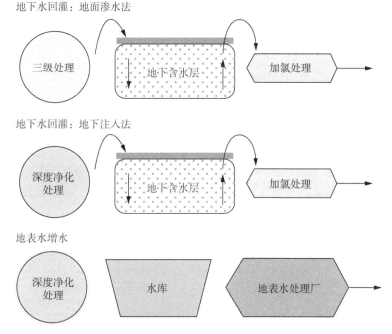

图 2.1 加州计划性间接饮用回用(IPR-GWR、IPR-SWA)示意图

因此这类项目只需要进行消毒三级处理。地下水回灌则必须使用满足"充分深度净化处理"要求的再生水(见表2-2)。地表水增水中,环境缓冲水体是一个地表水库,因此这类项目必须满足针对 IPR-SWA 项目的标准(即水库的理论水力停留时间必须为不短于 2 个月至 6 个月,并且必须保障规定的水力混合特性)。

表 2-2　再生水用于地下水回灌监管标准要求

标准	地面渗水法(SA)	地下注入法(直接注入含水层)
回灌前的必要处理	二级处理(氧化)、过滤和消毒再生水,浊度≤2 NTU(任何 24 小时内的 95％的时间内),病毒灭活率≥5-log,每 100 mL 污水中的总大肠菌群数≤2.2	二级处理(氧化)、反渗透和高级氧化过程
顺梯度监测	在饱和带中迁移时间不短于 2 周,且不超过 6 个月的位置,或者至下游最近的饮用水井的迁移时间至少为 30 天的位置。地下水回灌回用项目(GRRP)与下游最近的饮用水井之间也需要设置额外监测井	从 GRRP 开始的迁移时间不短于 2 周,且不超过 6 个月的位置,或者至下游最近的饮用水井的迁移时间至少为 30 天的位置。GRRP 与下游最近的饮用水井之间也需要设置额外监测井
替代条款	如果项目发起人能够证明拟议替代条款能够提供至少与水资源循环利用标准中的要求相同的公共卫生保障水平,则项目发起人可以使用替代条款。此外,在满足特定要求的前提下,也可提高法规中设定的总有机碳(TOC)限值	如果项目发起人能够证明拟议替代条款能够提供至少与水资源循环利用标准中的要求相同的公共卫生保障水平,则项目发起人可以使用替代条款
合规监测点(用于饮用回用前的)病原体去除率	对病毒、贾第鞭毛虫和隐孢子虫的对数去除率分别为 12-log、10-log 和 10-log	与 SA 项目相同
环境缓冲水体——准予去除评分	每在地下停留 1 个月,对病毒的对数去除率增加 1-log 如果市政污水在地下停留至少 6 个月,对贾第鞭毛虫和隐孢子虫的对数去除率为 10-log	每在地下停留 1 个月,对病毒的对数去除率增加 1-log
控制含氮化合物	回灌水(再生水,或者再生水与用于回灌的已评分稀释水的混合水)中的总氮(TN)≤10 mg/L	与 SA 项目相同
受管控污染物	达到所有饮用水 MCL(除氮以外)要求,铅和铜行动水平、通报水平、优先控制污染物,以及加州水务局规定的任何其他化学物质	与 SA 项目相同
地下停留时间	示踪研究——停留时间为下梯度监测井测得初始示踪剂浓度时间 T_2,或峰值浓度时间 T_{10},最短地下停留时间为 2 个月	与 SA 项目相同

标准	地面渗水法(SA)	地下注入法(直接注入含水层)
再生水贡献率(RWC)	初始最大 RWC<20% 在特定条件下(见注释 4),加州水务局可批准其他初始 RWC(最高为 100%),前提是 20 周 TOC 满足 $TOC_{max} \leqslant 0.5$ mg/L 的标准(经加州水务局和区域水务局批准)	未规定初始最大 RWC(可批准注入 100%再生水)。初始最大 RWC 由以下因素决定:加州水务局对项目工程报告的审查结果,公开听证会上获取的信息,以及项目发起人证明处理过程可以可靠实现不高于 0.5 mg/L 的 TOC 浓度
TOC 标准	20 周 TOC(至少每周采样一次)满足 $TOC_{max} \leqslant 0.5$ mg/L 的标准。TOC 值是基于 20 周内所有 TOC 结果的移动平均值和最后 4 项 TOC 值的平均值计算的。如要提高 TOC 限值,必须满足一系列标准,包括:拟提高的限值经加州水务局和区域水务局批准;项目已投运至少 10 年;必须开展一项健康影响研究,包括暴露评价、审查已开展的流行病学研究,以及评估受管控污染物的单一和累积效应	监测再生水中的 TOC。TOC 值是基于 20 周内所有 TOC 结果的移动平均值和最后 4 项 TOC 值的平均值计算的,不得超过 0.5 mg/L
用于新型污染物控制的深度净化处理标准	不适用	反渗透和氧化过程(AOP)必须符合指定性能要求
稀释水	实施监测计划,水质不得超过一级 MCL 或二级 MCL 上限(浊度、颜色和气味除外),达到氮控制要求和通报水平,确定获取评分需要的稀释水量	与 SA 项目相同,但是由于经过反渗透处理的污水中的 TOC 浓度较低(<0.5 mg/L),因此通常不做要求
污染源控制和扩展	实施水资源循环利用标准中规定的工业预处理和污染源控制计划	与 SA 项目相同
非管控污染物	收集关于药品、内分泌干扰物和加州水务局政策中规定的其他新型污染物指标/替代指标的数据(请参阅加州水务局 2018 年 12 月 11 日发布的《再生水政策》附录 A 第 2 节"新型污染物监测参数")。相关文件规定,必须监测、优先控制有毒污染物(《联邦法规》第 40 篇第 131.38 节),已设定通报水平的化学物质,以及饮用水公司审查确定的其他非管控污染物	与 SA 项目相同
响应不合格再生水	在实施地下水回灌项目,批准相关计划,说明为提供替代饮用水源所采取的步骤之前,或者在实施经批准的处理机制之前,如果发现实施 GRRP 项目:①不符合加州或联邦饮用水标准;②水质劣化,不再适合饮用;或者③接收的水未达到水资源循环利用标准中规定的病原体去除水平,项目发起人必须向地下水井的所有者发送通知	与 SA 项目相同

直接饮用回用(DPR):将经过深度处理的污水直接引入公共供水系统,或者引入位于饮用水处理设施(DWTF)上游附近的原水水源。DPR 项目不使用环境缓冲水体,或者只使用一个小型环境缓冲水体,用管道将再生水直接引入位于饮用水处理厂入水口附近的原水供水系统(称为"原水增水"RWA),或者直接引入饮用水配水系统(称为"净化水增水"TWA)。加州针对 DPR 的法规尚处于酝酿阶段。

与 IPR-GWR 不同,IPR-SWA 要求从环境缓冲水体(水库)中取的水必须在符合地表水处理标准的地表水处理厂进行处理。为实现病原体去除水平需要设置多重屏障,包括二级处理、过滤、消毒、反渗透和高级氧化过程。为确保水库有效发挥作为环境缓冲水体的作用,水库必须满足两项稳健性要求:一是最低理论停留时间要求;二是稀释度要求。

为防范再生水对人体健康造成风险,保障公共卫生安全,在过去的 20 年里,美国国家科学研究委员会(NRC)开展了两项健康风险评估(化学危险、微生物风险)。NRC 于 1998 年开展的评估仅针对 IPR,2012 年的研究增加了 DPR。

加州饮用再生水项目的病原体性能目标基于每人每年 10^{-4} 次感染的可容忍风险水平。可容忍风险水平指的是饮用水出厂水质的风险水平。目前,加州正在考虑将再生水作为一种饮用水水源,讨论 RWA 和 TWA 项目的日常风险。2018 年 4 月,加州水务局发布《加州直接饮用回用监管框架方案》,并于 2019 年 8 月发布第二版框架文件。框架文件涵盖饮用回用类型、风险管理办法、饮用回用项目的关键要素(如许可证发放机关、经营者认证、病原体和化学物质控制与监测、运营计划、污染源评价和控制),以及技术、管理和财务能力。加州水务局将对各类 DPR 项目和风险控制方案进行全面评估,并基于评估结果进一步修订框架文件。

2.2 欧洲再生水利用

欧洲水资源条件总体较好,再生水利用主要集中在半干旱状态的南部沿海地区和岛屿以及北欧、中欧等高度城市化地区。当前,欧盟再生水利用总量约为 11 亿 m^3(其中,32%用于农业灌溉,20%用于景观灌溉,其他用于工业回用、市政利用、地下水补给等),预计 2025 年将达到 35 亿 m^3。欧盟国家的污水处理收集设施已经覆盖 84%以上的人口,污水再利用潜力非常大。

欧盟国家农业耗水量占总耗水量的 58%,尽管农业用水总体趋势下降,但仍有 1/3 的国家农业耗水量呈现增加趋势;在 8 个南欧国家中有 5 个国家的农业耗水量仍在增加。农业用水比例高，节水灌溉设施逐步老化、需要更新改造是很多国家，尤其是农业国家的主要现状。在欧盟循环经济的指引下，欧盟及成员国越来越重视再生水利用。理论上可以将当前欧盟范围污水处理厂一半以上的出水再利用(如用于灌溉)，可减少5%的灌溉水量(取自地表水和地下水)。

为解除公众对再生水水质安全的顾虑，西班牙、葡萄牙、意大利、塞浦路斯、法国等国家颁布了本国的再生水利用相关法规及标准，规范再生水的利用管理。为解决各国在污水回用方面的分歧，欧盟实施 AQUAREC 项目，为终端用户和各级公共机构在污水回用方案决策上提供指导。2020 年，欧盟颁布《再生水利用的最低水质要求条例》，提出城市废水处理后用于农业灌溉的最低要求，重点关注再生水利用过程中的健康风险和环境风险，尤其是药品污染；要求按照作物种类和灌溉方式确定使用不同水质标准的再生水，并规定各类不同用途再生水的监测参数和最低监测频率，强调公众知情和参与的必要性。

2.2.1 欧盟政策及技术指南

2.2.1.1 政策发布

欧盟推进再生水利用的倡议最初发布于 2012 年的《保护欧洲水资源蓝图》。此后，再生水利用被列入 2015 年的《欧盟循环经济行动计划》，欧盟要求各成员国通过再生水利用的立法予以落实(见表 2-3)。

表 2-3　欧盟再生水政策发布一览表

时间	文件名及类型	文件类型
2016 年	《〈水框架指令〉背景下将再生水纳入水资源规划和管理的指南》	技术指南
2017 年	《再生水用于农业灌溉和含水层回补的最低水质要求》	技术报告
2020 年	《再生水利用的最低水质要求条例》	法规
2022 年	《欧洲农业灌溉项目再生水利用风险管理技术指南》	技术指南

2016 年，欧盟发布《〈水框架指令〉背景下将再生水纳入水资源规划和管理的指南》，以技术指南的方式规范了再生水项目规划建设和运行管理的原则和要求；在大多数情况下，再生水是一种辅助水源，因此在规划再生水利用时，需考虑使用其他水源满足特定用水需求。再生水利用规划不应独立于已有的或正在进行的水资源管理规划或流域管理等规划。

再生水利用的分析和规划应纳入负责水资源管理、公用事业管理、城市规划等机构的规划之中。规划需要全面考虑各种问题、挑战和解决方案。在规划过程的开始以及整个实施过程中,要明确规划的关键利益相关方的参与。

2017 年,欧盟联合研究中心完成《再生水用于农业灌溉和含水层回补的最低水质要求》技术报告,为欧盟提出再生水水质标准奠定了科学基础;2020 年,欧洲议会通过了《再生水利用的最低水质要求条例》,实现了在农业灌溉中安全使用再生水的水质标准立法,该法规于 2023 年 6 月正式施行。

2022 年,欧盟联合研究中心完成《欧洲农业灌溉项目再生水利用风险管理技术指南》,为成员国安全建设运营再生水灌溉项目提供了技术参考和实际案例。

在发展循环经济的背景下,欧盟提出使用再生水的系列法规和技术文件,为规范再生水规划建设、水质标准、风险管理等各个环节奠定了良好的政策基础。

部分欧盟成员国,如塞浦路斯、法国、希腊、意大利、葡萄牙、西班牙等,在解决本国水资源问题时根据需要颁布了再生水利用法规,颁布时间相较欧盟再生水政策则要早很多(见表 2-4)。比如,塞浦路斯早在 2002 年就在相关法规中规定了再生水利用的相关要求。

表 2-4　欧盟成员国再生水法规发布情况

国家	法规名称	发布机构
塞浦路斯	LAW 106(Ⅰ)(2002 年):水和土壤污染控制及相关法规 KDP 772(2003 年):水污染防治(城市污水排放)条例 KDP379(2015 年):小型污水处理厂法令	农业、自然资源与环境部
法国	JORF 0153 号法律(2014 年):城市污水用于农业灌溉的法令	公共卫生部,农业、粮食和渔业部,生态、能源和可持续部
希腊	CMD145116 号法令:污水再利用的措施、限制和程序(2011 年)	环境、能源和气候变化部
意大利	DM 185 号法令(2003 年):污水再利用的技术措施	环境部、农业部、公共卫生部
葡萄牙	NP4434(2005 年):城市污水的灌溉再利用 再生水风险管理条例(2019 年)	葡萄牙质量研究院
西班牙	RD1620(2007 年):污水再利用的法律框架	环境部,农业、粮食和渔业部,卫生部

2.2.1.2　规划要求

欧盟《〈水框架指令〉背景下将再生水纳入水资源规划和管理的指南》对再生水规划管理提供了技术指导,一般针对水资源短缺的地区。总体上,欧盟要求再生水利用的分析和规划,应纳入负责水资源管理、公用事业管理、城市规划等机构的规划之中,应结合已有规划(如流域管理规划、干旱管理计划、土地利用规划、灌溉计划、供水与卫生计划或者其他规划计划等)。尤其是可以将再生水利用作为流域管理规划中一项重要的补充措施。

欧盟提出了再生水利用规划的9个关键步骤。

① 明确水资源短缺和超采对水体的总体压力和影响、用水户(包括下游用户)的水量需求以及需求变化,分析是否挖掘了所有节水潜力,缺水是否严重到必须利用再生水的程度。

② 确定合理的措施方案,明确每种方案将如何解决具体的水量需求,将所确定的措施纳入《水框架指令》第11条要求的措施方案中。

③ 确定可回用的污水量以及如何调配以满足各种需求。

④ 充分考虑欧盟和各成员国的法律,确定再生水处理要求,以及能够确保安全使用与环境保护的其他要求。

⑤ 确定各项成本,包括处理不同来源废水的成本,以及将把再生水输送给不同用户的成本。

⑥ 与其他备选方案(包括"不采取行动"的选项)以及可实现的效益(包括外部效应)进行比较分析。

⑦ 确定资金来源,确定适当的水价。

⑧ 污水处理厂管理者与用户签署协议或合同,明确各自职责和责任。

⑨ 建立监测系统和管控制度,确保再生水的使用对人和环境无害,确保运营商履行相关法律义务。

2.2.1.3 用途管制

据统计,部分欧盟成员国再生水利用用途多样,分类较细(见表2-5)。将再生水用于城市景观、农作物、果树、高尔夫球场和林地灌溉等用途,在南欧国家比较普遍。

表2-5 欧盟成员国再生水主要用途现状

用途	塞浦路斯	法国	希腊	意大利	葡萄牙	西班牙
私家花园灌溉						√
卫生设施用水				√		√
城市景观灌溉	√	√	√	√		√
街道清洁			√	√		√

续表

用途	塞浦路斯	法国	希腊	意大利	葡萄牙	西班牙
土壤压实			✓			
消防			✓	✓		✓
车辆清洗				✓		✓
生食作物灌溉	✓	✓	✓	✓	✓	✓
非生食作物灌溉	✓	✓	✓	✓	✓	✓
动物养殖场用水		✓	✓	✓		
水产养殖						✓
果树无接触灌溉	✓	✓	✓	✓	✓	
观赏花卉无接触灌溉		✓		✓		
工业、非粮食作物、饲料、谷物用水	✓	✓	✓	✓	✓	✓
非食品行业的处理和清洗用水			✓	✓		
食品行业的处理和清洗用水			✓	✓		✓
冷却塔和蒸汽冷凝器用水			✓	✓		
高尔夫球场灌溉	✓	✓				✓
无公共入口的观赏池塘			✓			
局部渗透式含水层回补	✓		✓			✓
直接注入式含水层回补			✓			✓
封闭式林地和绿地灌溉	✓	✓	✓	✓	✓	✓
造林						✓
环境用水(生态流量或湿地用水)						✓

欧盟通过《〈水框架指令〉背景下将再生水纳入水资源规划和管理的指南》，规定了再生水的具体用途。虽然再生水的来源很多，但该指南主要关注城市污水处理系统中的生活污水和回用的工业废水。由于生活污水和工业废水的污染物组成差别较大（如有机物含量、病原体、重金属等），生活污水与工业污水混合在一起，处理工艺和处理成本较高，该指南不适用于生活污水和工业废水混合的情况。

该指南归纳再生水主要用于环境、农林牧渔、工业和市政等 4 个方面（见表 2-6）。欧盟也明确表示，未来可能还会出现更多的再生水的新用途。

确定是否使用再生水，需要考量的主要限制因素包括水质是否影响用户和环境、水量是否充足且便于配送、成本等。此外，欧盟将公众和利益相关者接受度纳入考虑,并重视在项目前期即明确再生水利用各方的责任、义务。

表 2-6 再生水主要用途

行业	具体用途
环境	对污水进行必要处理,避免污水直接进入水体,创造更多水生环境、增加河流流量、回补地下水(如防止海水入侵或过度取水)
农林牧渔	农牧林灌溉、渔业养殖(含藻类养殖)等
工业	冷却水、工艺用水、骨料清洗、混凝土制造、土方碾压、除尘等
市政	公园灌溉、娱乐和运动设施清洁、私人花园灌溉、路边用水、道路清洁、防火、洗车、冲厕、除尘等

2.2.1.4 水质要求

欧盟《再生水利用的最低水质要求条例》对灌溉用再生水水质提出了明确要求,回应公众对再生水灌溉的农产品安全问题的疑虑。其为再生水的安全使用提供了法律依据。

欧盟对利用再生水的农作物进行了详细分类,不同作物种类的灌溉要求和再生水水质均不同。欧盟按照农作物是否生食、食用部分是否接触再生水等原则,将农作物进行如下分类。

① 生食作物:指在天然或未经加工状态下供人类食用的作物。

② 加工食用作物:指经处理加工(即烹调或工业加工)后供人类食用的作物。

③ 非食用作物:指不是供人类食用的作物(如牧草和饲料、观赏植物、种子作物、能源作物、草皮作物)。

根据作物种类,欧盟给出不同再生水水质等级的允许用途和灌溉方法(见表 2-7),并为每个类别确定了最低水质标准(见表 2-8)。例如,对于生食作物,而且可食用部分直接接触再生水的,必须使用 A 级再生水进行灌溉,对于灌溉方式则无特殊要求。对于不与再生水接触的生食作物,则使用 B 级或 C 级再生水均可,但是当使用水质标准较低的 C 级再生水灌溉时,则要采用滴灌或者其他避免直接接触作物可食用部分的灌溉方式。

欧盟提出的再生水最低水质指标并不多,主要有大肠杆菌、五日生化需氧量(BOD_5)、总悬浮固体(TSS)、浊度、军团杆菌、肠道线虫等。但指标值要求比我国的标准高、具体分类更细。我国用于农业灌溉的再生水,尚未细化到灌溉不同的作物采取不同水质。

表 2-7 再生水用于农业灌溉的作物种类、灌溉方式

再生水水质等级	作物种类规定	允许的灌溉方式
A	可食用部分与再生水直接接触的生吃食用作物	所有灌溉方法
B	可食用部分长在地上、不直接接触再生水的生吃食用作物;需加工的作物,包括用作牲畜饲料的作物	所有灌溉方法
C		滴灌或其他避免直接接触作物可食用部分的灌溉方法
D	工业、能源和种子作物	所有灌溉方法

表 2-8 再生水用于农业灌溉的最低水质要求

再生水水质等级	指示性技术目标	水质要求				
		大肠杆菌(个/100 mL)	BOD_5(mg/L)	TSS(mg/L)	浊度(NTU)	其他
A	二级处理、过滤和消毒	≤10	≤10	≤10	≤5	军团杆菌属:<1 000 cfu/L,有气溶胶形成风险;肠道线虫(蠕虫卵):≤1 个卵/L,用于牧草或草料灌溉
B	二级处理和消毒	≤100	根据欧盟《城市污水处理指令》	根据欧盟《城市污水处理指令》	—	
C		≤1 000			—	
D		≤10 000			—	

欧盟要求再生水水质要满足下列准则。

① 90%以上样本中的大肠杆菌、军团杆菌属和肠道线虫指示值满足要求。

② 大肠杆菌和军团杆菌属的所有样本值均未超出指示值 1 对数单位最大偏差限制,肠道线虫的所有样本值均未超出指示值 100%最大偏差限制。

③ 90%或以上样本的 BOD_5、TSS 和浊度指示值满足等级 A 要求;所有样本值均未超出指示值 100%最大偏差限制。

2.2.1.5 监测要求

欧盟《再生水利用的最低水质要求条例》要求污水回收设施运营商应进行常规检测,验证再生水是否满足最低水质要求。对于 A 级再生水,需要对大肠杆菌、BOD_5、TSS 等指标每周检测一次,并连续对浊度进行监测,军团杆菌属和肠道线虫等指标需要两周监测一次。B 级、C 级和 D 级再生水监测要求相对宽松一些,详见表 2-9。

在新的设施投入运行之前,还需要对 A 级再生水水质进行验证性监测,验证监测应监测每一类病原体(即细菌、病毒和原生动物)相关的指示微生物(见表 2-10),要求至少 90%的验证样本应达到或超过性能指标。

表 2-9　再生水用于农业灌溉的最低常规监测频率

再生水水质等级	最低监测频率					
	大肠杆菌	BOD₅	TSS	浊度	军团杆菌属（如适用）	肠道线虫（如适用）
A	每周一次	每周一次	每周一次	持续	每月两次	每月两次或污水回收设施运营商根据进入设施污水中的蠕虫卵数量确定的其他频率
B	每周一次	根据欧盟《城市污水处理指令》	根据欧盟《城市污水处理指令》	—		
C	每月两次			—		
D	每月两次			—		

表 2-10　再生水用于农业灌溉的验证监测

再生水水质等级	指示微生物	处理链的性能指标（-log 去除率）
A	大肠杆菌	≥5(进水),0(出水)
A	总大肠杆菌噬菌体/F-特异性大肠杆菌噬菌体/体细胞大肠杆菌噬菌体/大肠杆菌噬菌体	≥6,0
	产气荚膜梭菌孢子/形成孢子的硫酸盐还原菌	≥4,0(产气荚膜梭菌孢子) ≥5,0(形成孢子的硫酸盐还原菌)

2.2.1.6　许可管理

再生水用于农业灌溉需遵循许可程序。许可证中应列明再生水水质等级、农业用途、使用地点、水回收设施、预计年产量、最低水质要求和监测要求等;许可证还将纳入主管部门再生水利用风险管理计划可能的附加条件和要求(如消除对人类和动物健康及环境造成的任何不可接受的风险所必需的任何其他条件);许可证中还需规定再生水设施运营商及任何其他有关责任方的义务;许可证还要列明有效期。

如果产能发生重大变化或设备升级、增加新设备或新工艺,或者地表水体生态状况发生变化,需要定期重新审核许可证。要建立再生水利用追溯机制,消解公众对再生水利用的疑虑。

主管部门将通过定期现场检查、数据监测等方式核实许可证规定的条件是否得到了满足。如果不符合许可证规定的条件,主管部门将要求再生水设施运营商和相关责任方采取必要措施,并告知受影响的终端用户。如果因不符合许可证规定的条件而对人类或动物健康以及环境构成重大风险,主管部门将敦促再生水设施运营商或任何其他责任方立即中止再生水供应,直到主管部门确认合规。

2.2.1.7 风险管理及评估

欧盟《再生水利用的最低水质要求条例》的第五条及附件 2 规定了再生水风险管理的一般性要求,包括主管部门应制订再生水风险管理计划、明确所有相关方职责、识别潜在危害、确定可能面临风险的环境和群体、提出防范性管理措施等。《欧洲农业灌溉项目再生水利用风险管理技术指南》给出了风险管理各个技术环节的原则和标准,指导水资源管理者和主管机构落实风险管理计划。

《欧洲农业灌溉项目再生水利用风险管理技术指南》将《再生水利用的最低水质要求条例》提出的 11 个风险管理关键要素分成 4 个模块,加强流程管理(见图 2.2)。

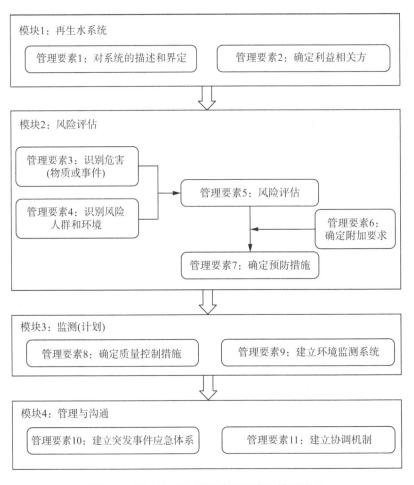

图 2.2 再生水系统风险管理要素及管理流程

模块 1 包括制订风险管理计划所必需的一系列预备活动。首先,要确定整个再生水系统的范围,界定并清晰描述所有可能存在的健康和环境风险的外延和边界,确定可能影响系统的内外部因素,制作系统流程图展现子系统之间的相互关系。这既包括污水处理厂、污水回收设施、泵站、储水池、灌溉设施、配水管网等工程设施,也可能包含一些外延的范围(比如,再生水终端用户、土壤、地下水以及相关的生态系统等)。其次,要确定相关参与者的角色和责任。

模块 2 风险评估主要以国际标准化组织 ISO20426 号标准作为参考。首先,识别再生水系统可能带来的公共卫生和环境方面的有害物质(污染物和病原体)或危害事件(处理失败、意外泄漏、污染等),确定可能接触到的人、动物或环境受体以及可能的接触途径。其次,开展风险评估,可采用定性或半定量方法,分别对健康风险和环境风险进行评估,根据严重性和发生概率建立风险矩阵,确定风险等级。评估的范围可能非常广泛,如地下水和地表水脆弱程度、硼、氯、氮磷、盐度和土壤碱度等农业有害物,甚至是一些新型污染物。最后,根据评估结果,确定是否为水质和监测增加一些附加要求(确定是否需要增加额外的监测参数等),并提出预防措施,设置安全屏障(例如,为尽量减少再生水对食品生产链的微生物污染,要进行再消毒;采取地下滴灌避免再生水散发;在作物收割前即停止灌溉等)。

模块 3 主要是规划再生水处理设施的所有监测活动,确定处理设施的质量控制和环境监测方案,包括常规监测要求、计划(如地点、参数、频率等)和程序,也包括监测附加要求的所有参数和限值等。随着信息化的发展,一些再生水利用系统也逐渐开始采用传感器等信息自动获取方式,通过建模辅助实验室分析,提高了数据分析效率和质量,也进一步提高了再生水利用的安全性。

模块 4 是应急管理以及相关的沟通协调。一般要求制定应急方案,这也是再生水责任相关方与公众沟通的基础。《欧洲农业灌溉项目再生水利用的风险管理技术指南》建议按照《世界卫生组织安全饮用水框架》,对再生水项目开展第三方评估检查。另外,建立协调机制、开展必要的培训等也是这部分的重要内容。

2.2.2 西班牙再生水利用实践

西班牙干旱缺水,是欧盟再生水利用率最高的国家之一。西班牙再生水年利用总量约 4 亿 m^3,再生水利用率约 11%,其中超过 60% 的再生水用于农业灌溉,其次是娱乐(如高尔夫球场)及环境(见图 2.3)。在缺水严重、水资源压力大的胡卡尔河流域,再生水利用率达 24%,塞古拉河流域和巴利阿里群岛的再生水利用率为50%~60%。再生水是西班牙中小型农业灌区灌溉用水的重要来源,如穆尔西亚自治区每年有超过1亿 m³ 再生水用于农业灌溉,占再生水使用量的60%。

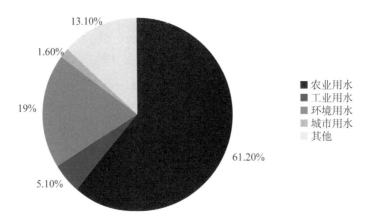

图 2.3　西班牙再生水的主要用途(2016 年)

西班牙为再生水用于农业灌溉制定了长期目标,西班牙再生水利用主要集中在加泰罗尼亚地区,胡卡尔河、塞古拉河流域等。至 2027 年,地中海—安达卢西亚河流域、塔霍河流域、巴利阿里群岛等区域的再生水利用量也将大大提高,其中地中海—安达卢西亚河流域的再生水灌溉水量未来可能居全国第一(见图 2.4、图 2.5)。

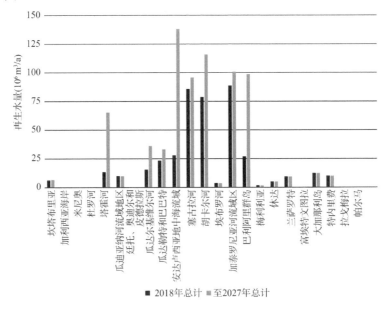

图 2.4　西班牙再生水灌溉现状(2018 年)及未来预测(2027 年)

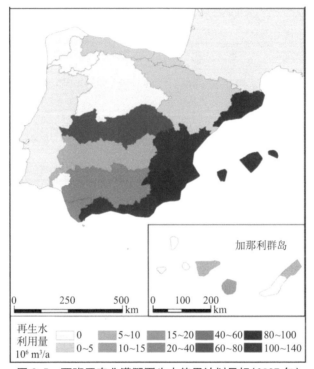

图 2.5　西班牙农业灌溉再生水使用计划目标（2027 年）

注：彩图见附图 1。

早在 2007 年，西班牙就制定了再生水利用法规（RD 1620/2007），规定了再生水用途以及不同用途的水质标准。一般以肠道线虫、大肠杆菌、悬浮物等为衡量指标。对于超出规定范围的用途，西班牙采取灵活的管理方式，由流域管理部门参考相关法规制定水质标准。

西班牙法规禁止再生水用于可能影响人体健康的食品工业、医用设备、双壳类软体动物水产养殖、游泳、冷却塔和蒸发式冷凝器、公共场所或公共建筑物内的景观用水（如喷泉、水面墙），以及公共卫生部门认为对人类健康有害的其他用途。

法规允许的再生水主要用途包括：城市用水（浇灌花园、卫生器具用水、城市绿地灌溉、街道清洗、消防栓蓄水、车辆清洗等）、农业用水（作物及牧场灌溉、水产养殖、观赏性花卉苗圃等）、工业用水（一般工业加工、清洁用水等）、娱乐用水（仅供观赏的池塘或湖泊等）和环境用水（含水层补给、湿地保护、植树造林等）。

法规要求，按照属地管理的原则，各地方相关行政部门负责监管再生水利用方案的制定和实施。方案中需详细规定再生水处理程序、所需基础设施、经济分析和合理定价等。如穆尔西亚自治区的公共卫生局要求，当地再生水利用方案的技术建议书中应详细说明污水处理等级,并要求至少进行二级处理;要提供污水处理厂出水分析报告以及再生水处理流程图,必要时根据再生水的预期用途采取三级处理。

西班牙制定了《国家再生水利用计划》,包括促进再生水利用、提高公众意识等具体目标。

2.2.3 葡萄牙再生水利用实践

葡萄牙是欧洲利用再生水灌溉量最多的国家之一。早在 2005 年,葡萄牙就制定了再生水利用标准,明确了再生水用途及水质标准。2007 年修订的关于水资源使用制度的第 226-A/2007 号法令第 57 条规定,经处理的污水应尽可能或适当重新利用,并将此纳入欧盟《城市污水处理指令》。目前,葡萄牙将再生水用于花园、高尔夫球场、小型农田、公园等场所的灌溉。

为应对气候变化引起的降雨量大幅减少,响应欧盟关于开展节水推进循环经济发展的要求,葡萄牙政府于 2019 年推出了促进污水再利用的新战略。该战略由环境和能源转型部负责,旨在到 2025 年将占葡萄牙污水处理总量为 75% 的 50 个最大污水处理厂的再生水生产能力提高 10%,到 2030 年再提高 20%,达到 19 万 m^3/d 的再生水生产能力(根据欧盟 2017 年的数据,葡萄牙再生水生产量约 2.2 万 m^3/d)。

政府和民众普遍关心利用再生水可能引起的健康和环境问题。因为再生水在利用过程中,仍然含有较高的盐分、多种毒性物质(重金属、有机污染物等)、过量的氮元素及致病微生物等,这些物质随着灌溉进入土壤—植被系统,会对土壤、植物生态系统产生危害,污染地下水,进而危害人体健康。

为防范风险,2019 年由葡萄牙质量研究所制定并通过部长委员会主席第 119/2019 号法令颁布了《再生水风险管理条例》,用于开展再生水项目运行风险管理,以更加安全地利用再生水。该条例规定了再生水用于农业灌溉、城市景观、消防等用途的风险管理要求和环境质量标准,通过评估整个输水前端、末端以及使用端的风险,采取水质控制和管理措施相结合的方式,确保再生水对人体健康和环境的安全;制定了具体的监测要求及风险管理的主要任务,如确立了相应的许可制度,建立了确保信息获取和透明度的机制。上述措施有助于提高用户对再生水安全的信任。

《再生水风险管理条例》较好地借鉴了世界卫生组织、国际标准化组织和欧盟委员会等国际(区域)组织的再生水使用标准,也吸收了西班牙、法国、意大利、希腊等国家的再生水利用标准,规定了不同项目应采用的水质标准,并在再生水水质风险管理方面提出了更详细的要求和方法。该条例对再生水用途进行了拓展,并予以明确,包括城市用水(景观、冲洗、消防、街道清洁、休闲娱乐)、生活用水、工业用水、农业灌溉用水以及生态系统用水等。提出的主要战略措施如下。

① 跟踪再生水利用领域的最新发展动态,参考欧洲及国际再生水利用标准。

② 拓展再生水利用途径(如农业、林业、城市、景观等)。

③ 评估再生水生产者与最终用户的距离,以及基础设施的维护成本。

④ 在不损害健康和环境安全的前提下,建立一套灵活的管理制度及方法。

在利用再生水进行灌溉时,葡萄牙更注重采取风险管理的方式,通过评估整个输水前端、末端以及使用端的风险,采取水质控制和管理措施相结合的方式,增加再生水使用的安全性。通过风险评估,明确适用于各个再生水利用项目的水质标准、风险等级以及应用的风险管理条件。一般情况下再生水利用风险评估程序如图 2.6 所示。

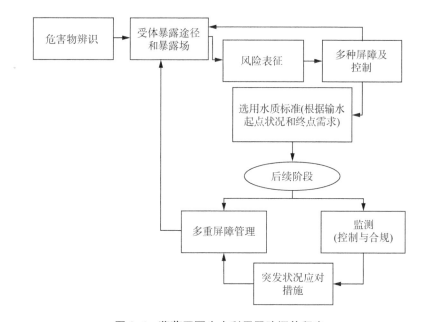

图 2.6　葡萄牙再生水利用风险评估程序

风险评估一般采用定量和定性相结合的评估方式,考虑不同风险因素的重要性,如危害等级、暴露途径、暴露场景,确定 1、3、5、7、9 共 5 个风险等级。评估再生水灌溉项目风险主要分为 3 个阶段。

第一阶段,确定再生水对直接和间接接触的受体(人、动物等)的风险等级。主要依据污水处理工艺及大肠杆菌的数量确定(见表 2-11)。

第二阶段,确定暴露途径及情况。由暴露途径(见表 2-12)和暴露场景发生的概率(见表 2-13)两个因素共同形成损害矩阵,并确定风险等级。通过半定量方法,做出综合判定,对各个重要的污水再生利用项目进行风险特征评估。

表 2-11　受体的危害等级确定风险等级

污水处理工艺	大肠杆菌(个/100 mL)	风险等级
二级处理	>10 000	9
二级处理+灭菌	1 000~10 000	7
深度处理	100~1 000	5
二级处理+灭菌+后氯化	10~100	3
深度处理+后氯化	<10	1

表 2-12　暴露途径确定风险等级

暴露途径	风险等级	观测结果
摄取	9	绝对重要
	9	喷灌在灌溉系统中绝对重要
吸入	5	在其他灌溉系统中非常重要(某些泄漏可能促进一些细小水滴形成)
皮肤接触	3	由于感染案例较少,重要性较低

表 2-13　暴露场景发生的可能性确定风险等级

风险等级	根据文献资料获得的观测结果
9	暴露途径具有很高的发生迹象
7	暴露途径具有较高的发生迹象
5	暴露途径具有中等的发生迹象
3	暴露途径具有较低的发生迹象
1	暴露途径没有发生迹象

第三阶段,确定预防措施。再生水水质还将考虑最终用户需求和用途。葡萄牙《再生水风险管理条例》与欧盟制定的《再生水利用的最低水质要求条例》相类似,再生水用于农业灌溉遵循同样的原则。葡萄牙的新政策要求所有项目必须经过许可程序。

2.3　以色列再生水利用

以色列是世界上最缺水的国家之一,人均淡水资源量仅为 200 m³。为弥补天然淡水资源的不足,早在 20 世纪 50 年代,以色列就开始了污水再利用,目前已发展成为世界上污水回收利用率最高的国家之一。

1956 年,以色列政府将特拉维夫地区 7 个城市的污水收集起来,通过大型管道运送到城区附近的沙夫丹污水处理厂进行一级处理和二级处理。之后,创新地利用沙土蓄水层实现了三级处理。20 世纪 70 年代,为提高蓄水能力,以色列在内盖夫沙漠中修建了数百个再生水水库,既可以利用细沙颗粒天然的过滤功能净化水质,也能减少蒸发损失。

1972 年,以色列政府制定了"国家污水再利用工程"计划,规定城市污水至少回收利用一次。到 20 世纪 90 年代,以色列建立了一系列的处理设施和水库基础设施,在全国普及再生水和自来水的双管供水系统,从污水处理、蓄存到运送再生水,几乎能够覆盖国内每个城市,极大地推动了再生水的利用。

以色列于 1985 年开始将再生水用于农业灌溉。农业灌溉用水对水质要求相对较低,且需求量大,价格远低于淡水。根据不同的农场需求,进行不同水质处理,再生水平均成本仅是远距离淡水供水成本的 1/3 左右。政府对再生水水价给予优惠,再生水用于农业灌溉的水价远低于淡水水价(约为 40%～50%左右)。以色列再生水超过 87%被用于农业灌溉,达到了全国灌溉用水总量的40%。《以色列水行业发展规划》提出,到 2050 年,再生水占农业用水总量的比例将升至 67%。

为鼓励农民多使用再生水进行灌溉,以色列曾一度规定,若农民自愿将淡水水权变更为再生水水权,可以额外多获得 20%的用水配额。在干旱年份,农业的淡水配额被大幅消减时,再生水可有效地保障灌溉。以色列还建立和推行循环水洗车的"专业电脑自动汽车行",要求使用再生水洗车。

2015 年,以色列污水处理率已达 90%左右,再利用率约 80%(见图 2.7),2020 年再利用率已达到 90%左右,再生水生产量达到 5 亿 m³ 左右。

2.4　经验启示

(1)制定再生水利用激励政策

美国、以色列以及欧洲一些国家再生水利用的历史相对较悠久,在再生水利用的立法、政策、技术和实践等方面的经验相对丰富。"优质优价""优质优用",

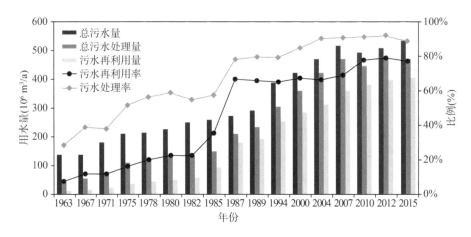

图 2.7 以色列污水处理与再利用发展变化（1963—2015）

以不同的水质标准和经济成本满足各种不同的需求。以色列采取水价激励机制，再生水用于农业灌溉的水价约为淡水水价的 40%～50%。完善优惠激励政策，在再生水设施投资及价格、配送水管网建设等方面给予政策及财政扶持。

（2）加强常态化水质监测

美国和欧盟的经验表明，再生水利用可能引发农作物和水源污染，带来健康风险，加强常态化水质监测及安全评价是安全利用再生水的重要手段之一。欧盟对再生水水质进行常规监测，对新设施设备进行验证监测，对要求比较高的再生水水质进行验证监测。欧洲对再生水可能影响的土壤、地下水、地表水均进行相应监测。

（3）注重再生水前瞻性研究

当前，一些发达国家在再生水相关领域开展专门研究，包括输配送系统与现有供水管网的配套建设、公众广泛参与及建立信息分享和协商机制、建立公共基金支持机制、再生水生产及使用许可管理、补充直接饮用水水源的可行性及监管等方面。美国加州正在研究制定直接饮用再生水统一标准并酝酿立法。

3

我国再生水生产利用现状

3.1 再生水利用量

(1) 再生水历年利用量

在各方大力推动下,全国非常规水源利用量快速提升。2022年,全国再生水、集蓄雨水、海水淡化水、矿坑水、微咸水等非常规水源利用量进一步增加,达到175.8亿 m³,较2012年的44.6亿 m³提高了2.9倍,为保障供水安全发挥了重要作用。再生水作为城市"第二水源",占非常规水源利用总量的85.8%,2022年全国开发利用总量达到150.9亿 m³,较2021年同比增加34.7亿 m³,年增长率高达29.9%。

在面临水资源短缺的挑战下,许多缺水型城市采取了先节水后调水、先环保后用水的战略,在充分利用外调水的同时,积极推动再生水的强制使用,这一举措取得了显著的成果,2011年至2022年的11年间,再生水供水量逐年攀升,从32.9亿 m³迅速扩大至150.9亿 m³,累积增长高达358.7%。2011—2022年再生水开发利用量及年增长率见图3.1。

图 3.1　2011—2022 年再生水利用量及年增长率图

由图3.1可见,2011—2022年再生水开发利用量保持高速增长趋势,年均增长率为16.5%,2020年和2022年达到了较高水平(24.9%和29.9%)。2014—2022年,再生水开发利用量呈现明显的增长阶段,年均增长率较高,尤其是《水利部关于非常规水源纳入水资源统一配置的指导意见》颁布以来,各省(自治区、直辖市)也相继出台多项政策文件鼓励推广使用再生水,再生水开发利用量年均增加量达 19 亿 m³,反映了社会对再生水资源认识的日益提高以及相关政策的推动,促使各地区采取更多的措施来增加再生水的开发利用。

目前,再生水已成为许多城市的"第二水源",广泛用于景观环境用水、工业用水、农林牧业用水、城市非饮用水、地下水补充水源用水等方面,有效缓解了城市水资源短缺的压力。

(2)区域分布情况

2022 年,全国再生水开发利用主要集中在黄淮海流域(见表 3-1),包括北京、江苏、山东、河南、河北等 5 省市,占当年全国再生水开发利用量的 41.0%。湖北、上海、广东、北京等省市再生水利用量较 2021 年有较大提升,增长率均达到 100%以上,贵州再生水利用量略有减少,重庆再生水利用量减少幅度较大,超过 50%。

表 3-1　2022 年各省(自治区、直辖市)再生水利用量　　　　单位:亿 m³

省区市	利用量	省区市	利用量	省区市	利用量	省区市	利用量
北京	12.1	上海	0.9	湖北	4.5	云南	2.7
天津	5.7	江苏	13.5	湖南	4.4	西藏	0.1
河北	12.2	浙江	3.4	广东	10.4	陕西	4.4
山西	5.2	安徽	6.8	广西	3.1	甘肃	2.4
内蒙古	5	福建	5.3	海南	0.6	青海	0.7
辽宁	6.2	江西	1.1	重庆	2.3	宁夏	0.7
吉林	2.7	山东	13.9	四川	1.7	新疆	5.7
黑龙江	2.4	河南	10.1	贵州	0.7		
				合计:150.9			

3.2　再生水生产工艺

常见的城市再生水处理工艺主要包括物化、生物、化学处理和集成处理方法等,我国大部分城市再生水处理一般与污水处理厂合建,在二级处理之后再根据回用水质要求增加部分处理单元。再生水处理工艺的选择一般根据二级出水的水质、回用用途、回用水质标准、处理规模和经济适用性等方面综合考虑最终的深度处理工艺路线。

3.2.1 物化处理方法

（1）混凝沉淀

混凝沉淀是最常见的污水深度处理技术，通常在二级出水中添加混凝剂，如聚合氯化铝、氯化铁、聚合双酸铝铁等，通过网捕卷扫、吸附电中和、压缩双电层和吸附架桥作用使悬浮颗粒之间发生相互作用，形成较大的颗粒物，经过混凝作用后，污水中的悬浮颗粒物在重力作用下沉降到污泥池中。混凝沉淀可以进一步净化二级出水中的有机物、悬浮物、浊度以及磷和重金属等，但去除能力有限，且混凝效果受混凝剂自身特性、水质、水温、pH 等因素影响，因此，通常情况下混凝沉淀不单独使用，与其他处理技术联用才能进一步提升深度净化的处理效果。

（2）过滤

过滤是一种物理和（或）化学净水方法，可用于进一步去除二级出水中的悬浮物、浊度、有机物和某些化学物质等污染物。污水处理中常用的过滤材料有石英砂、无烟煤、陶粒、活性炭、石英砾石、滤布、膜等。二级出水进入过滤器后，通过过滤介质的截留作用，其中较大的颗粒和悬浮物会被截留在过滤介质表面或孔隙中，而较小的颗粒和溶解的有机物则会通过过滤介质进入下一道处理工艺。此外，一些过滤介质（如活性炭）还具有吸附有机物的能力，能够进一步去除难以分解的有机污染物。过滤只能去除污水中的物理和部分化学污染物，对于一些难以去除的化学物质（如重金属和毒素）则需采用其他处理方法，且过滤器通常需定期进行气水反冲洗或更换过滤介质，以确保其正常运行和去除污染物的效果。目前常见的过滤方法有滤布过滤器、转盘过滤器、石英砂滤池、活性砂滤池、复合滤料滤池、深床滤池、活性炭滤池等。

（3）膜分离

膜分离是将不同膜孔径且具备选择性的多孔有机或无机膜作为分离介质，基于膜的孔径大小、表面电荷、表面张力、亲疏水性等特性，对不同大小、形状、电荷、溶解度等性质的混合物进行分离的技术。例如，使用微孔膜，大分子物质（如蛋白质、胶体和悬浮物）会被截留，而小分子物质（如离子和溶解物）会通过膜。该方法效率高、启动快、出水水质好，在城市污水的处理和净化中得到了广泛应用，但投资和处理成本相对较高。微滤、超滤、纳滤和反渗透是最常用的膜分离方法。

微滤膜也被称为微孔膜或微孔滤膜，根据成膜材料分为无机膜和有机高分子膜，膜孔径通常在 $0.1\sim10\ \mu m$ 之间，允许小分子和溶解性固体（无机盐）等通过,但会截留悬浮物、细菌及大分子量胶体等物质。超滤膜的孔径大小通常在 0.1～0.001 μm 之间,能够过滤掉分子量较大的物质,如蛋白质、细胞、细菌等,而使分子量较小的物质(如水、离子、小分子有机物等)通过,常用的超滤膜有中空纤维超滤膜、平板式超滤膜、螺旋式超滤膜等。纳滤膜是一种孔径在 1 nm 以下的微孔膜,通常由聚合物、无机材料等制成,它的过滤原理是利用膜孔径比被过滤溶液中分子小很多的特性,使分子量较小的物质通过,而分子量较大的物质被截留在膜表面,实现溶液的分离和纯化。反渗透膜的孔径非常微小,通常在 0.0001～0.001 μm 之间,由多层薄膜组成,其中半透膜层是最关键的一层,它是一种特殊的高分子材料,具有微小的孔径和高分子筛选性,只有水分子可以通过,而其他大分子物质则被截留在膜表面形成浓缩水;反渗透膜可以有效地去除再生水中的溶解性无机盐、有机物、细菌、病毒、氨氮、磷等微小分子,从而实现再生水的净化。

3.2.2　生物处理方法

(1) 移动床生物膜反应池

移动床生物膜反应池(Moving Bed Biofilm Reactor,MBBR)是 20 世纪末才发展起来的、基于流化床工艺的一种新型污水处理工艺。该技术核心在于不增加生化池总池容的情况下提高负荷率,强化脱氮除磷效率。MBBR 的原理是利用高表面积的填料,在水中提供大量的生物附着表面,以便微生物可以附着其上生长,并利用废水中的有机物作为碳源进行代谢反应,这种填料可以是塑料材料,如聚乙烯、聚丙烯等,通常呈现球状、环状或棒状。在 MBBR 系统中,水流通过填料层,微生物在填料表面形成生物膜,在生物膜上降解有机物质,转化为无机物和生物质。填料运动有助于增强氧气传递和混合,提高微生物的代谢反应速率和处理效率,同时,填料的运动还有助于避免生物膜过厚,防止负荷过大而导致的过度污染和毒性损害(见图 3.2)。MBBR 系统可以高效地去除废水中的有机物质、氮、磷等污染物,达到净化水的目的,具有结构简单、运行稳定、处理效率高、操作维护方便等优点,被广泛应用于废水处理领域。

(2) 改良式序列间歇反应器

改良式序列间歇反应器(Modified Sequencing Batch Reactor,MSBR)是在序列间歇反应器(Sequencing Batch Reactor,SBR)的基础上发展而来的,MSBR 既不需要初沉池和二沉池,又能在反应器全充满并在恒定液位下连续进水运行。MSBR 工艺的主反应池由曝气格和两个交替的序批格(SBR 池)组成。在一个完整的运行

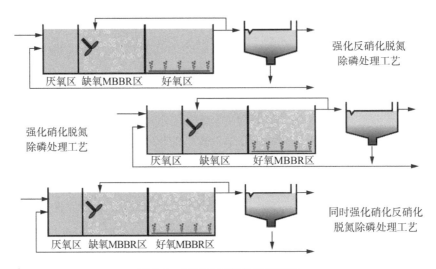

图 3.2　MBBR 工艺作用原理图

周期中,主曝气格保持连续的好氧曝气状态,两个交替曝气的 SBR 池其中一个在半个运行周期内不曝气仅作为沉淀池,而另一个在半个运行周期中,用于保持不同的状态,如缺氧、厌氧等状态,待下半个运行周期,两个 SBR 池的角色互换(见图3.3)。与传统的 SBR 相比,MSBR 是一个连续的反应器,可以在同一反应器中处理不同类型的废水,也可以很容易地调节处理过程以适应不同的进水水质,能够更好地处理含有氮和磷的废水。MSBR 的特点是操作简单、空间占用小、效果稳定,处理后的水质符合国家排放标准,在低 HRT、低 MLSS 和低温情况下,具有优异的处理能力,被广泛应用于城市和农村的污水处理。

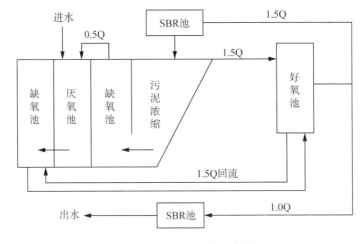

图 3.3　MSBR 工艺示意图

（3）膜曝气生物反应器

膜曝气生物反应器（Membrane Aerated Biofilm Reactor，MABR）是气体分离膜技术与生物膜法污水处理技术相结合产生的新型污水处理工艺。MABR的基本原理可以归纳为三点：无泡曝气、异相传质、分层结构。MABR装置主要由曝气膜组件和微生物膜两部分组成，利用中空纤维曝气膜作为微生物膜附着载体并为微生物无泡曝气，污水在附着生物膜的曝气膜周围流动时，水体中的污染物在浓差驱动和微生物吸附等作用下进入生物膜内，并经过生物代谢和增殖被微生物利用，使水体中的污染物同化为微生物菌体固定在生物膜上或分解成无机代谢产物，从而实现对水体的净化。由于曝气不产生气泡，氧直接以分子状态扩散进入生物膜，几乎百分之百地被吸收，传质效率高达100%；氧在传递到生物膜的过程中不经过液相边界层，因此，传质阻力比常规曝气法小得多，能耗大大降低（见图3.4）。MABR工艺可有效节能降耗、污泥产量小、节省占地、菌株不易流失，且膜的筛分作用能有效去除悬浮物和胶体物质，进一步提升水质。该工艺是一种新型污水处理工艺，具有高效脱氮能力，在污水厂提标改造、减碳降耗方面，具有显著优势，尤其在"双碳"目标下，MABR工艺在污水处理领域的减碳功效巨大。

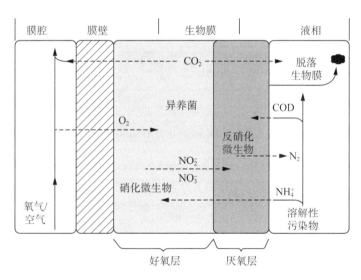

图 3.4　MABR 作用原理图

（4）曝气生物滤池

曝气生物滤池（Biological Aerated Filter，BAF）是 20 世纪 80 年代末从欧美

发展来的一种新型的污水处理技术,它借鉴快滤池形式,将给水过滤与生物接触氧化法相结合,在一个反应器内同时完成了生物氧化和固液分离的功能,不需设置二沉池。从本质上看,BAF 是固、液、气三相共存的生物膜处理工艺,属于接触氧化和过滤相结合的新兴废水好氧生物处理技术,其核心技术是应用多孔性的滤料,并将其作为生物载体来进行污水处理。BAF 的装置顶部设置了布水系统,能均匀地将污水分布到滤料的表面,这样,液滴状的污水就能够充分地与氧气进行接触。BAF 单位体积的生物量数是活性污泥法的数倍,同时,因其所用的填料细小,具有较强的过滤作用,出水不用再进行沉淀。整体来看,BAF 可去除 SS、COD、BOD、氨氮、磷等物质,具有池体体积小,工艺流程简单,菌群结构合理,处理负荷高,处理效果好,耐冲击负荷、不需二沉池和受气温影响小等优势,市场应用前景广阔。BAF 作用原理示意图见图 3.5,BAF 与常见滤池的优缺点对比见表 3-2。

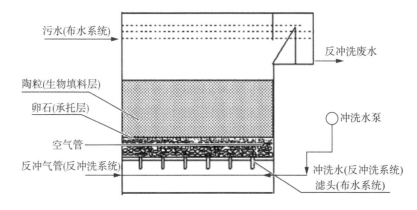

图 3.5　BAF 作用原理示意图

表 3-2　BAF 与其他滤池性能对比分析

类别	优点	缺点
曝气生物滤池	1. 占地面积小,基建投资省。曝气生物滤池之后不设二次沉淀池,可省去二次沉淀池的占地和投资 2. 采用的滤料粒径较小,比表面积大,生物量高	对进水 SS 要求较高,曝气生物滤池水头损失较大,曝气程度大或反冲洗强度高时滤料流失大,产泥量略大于活性污泥法,污泥稳定性稍差
V 形滤池	1. 滤速较高,过滤周期长,出水效果好 2. 布水较均匀,冲洗时滤层保持微膨胀状态,有效缓解跑砂现象	池体的结构复杂,滤料较贵,增加了反冲洗供气系统,产水量大时比同规模的普通滤池基建投资造价高,反冲洗操作复杂

类别	优点	缺点
滤布滤池	占地面积较小,自动化程度高,处理效果好,出水稳定,保养检修方便,运行费用低	受进水水质的影响较大;滤布材质易破损,需要定期更换,更换费用高;盘片数较多,其中一片或几片破损不易被发现
反硝化滤池	1. 结合其他工艺使用,可同时去除SS、TP和TN,工艺灵活、技术先进、运行成本低 2. 反硝化深床滤池占地面积小,结构简单、操作简单、全自动控制,投资成本低,易于维护	对前段工艺溶解氧要求控制较高;对进水的磷酸盐有一定的要求;反硝化滤池碳源投加不当,易造成出水超标
活性砂滤池	可连续运转,无须反复冲洗,动力费用低,对絮凝反应要求低	单台处理量小,不适用于大型污水处理厂,设备故障率较高

(5) 膜生物反应器

膜生物反应器(MBR)是一种利用膜技术进行水处理的生物反应器。它将生物处理和膜分离两个过程结合起来,通过在反应器中加入微生物群落来降解废水中的有机物和氮、磷等营养物质,同时利用膜技术对水进行分离、浓缩和回收(见图3.6)。膜生物反应器的主要优点是高效、占用空间小、操作简便、能够处理高浓度的废水、处理效果稳定等。它被广泛应用于废水处理、饮用水净化、海水淡化等领域。根据膜分离方式的不同,膜生物反应器可以分为微滤膜生物反应器、超滤膜生物反应器、纳滤膜生物反应器和反渗透膜生物反应器等不同类型。相比较传统的污水处理方法,MBR工艺具有更高的净化效率,可以有效地去除微生物和颗粒物;更小的设备占地面积(MBR系统中的生物反应器和膜过滤器可以组合在一起,从而减少设备的占地面积);更好的水质稳定性(由于MBR系统中的生物反应器中的微生物浓度高,因此处理过程中的水质更加稳定);更少的化学物质使用(MBR系统不需要使用化学物质进行沉淀处理,因此可以减少化学物质的使用)。

(6) 生态工程技术

以植物生态系统为例,其包括人工湿地、生态氧化塘、自然湿地等,该技术利用土壤、人工介质、植物、微生物的物理、化学、生物三重协同作用,通过吸附、过滤、沉淀、离子交换、微生物同化分解和植物吸收等多种途径去除污水中的悬浮物、有机物、氮、磷等,最终将污水处理工程打造成为生态景观工程(见图3.7)。植物生态系统不仅能够提高污水处理的效率,而且还具有经济、环保和可持续性等优点,因此受到越来越多的关注和研究。例如,"微曝气垂直潜流人工湿地+水平潜流人工湿地+表面流人工湿地+氧化塘"工艺,"生态氧化池+垂直流人

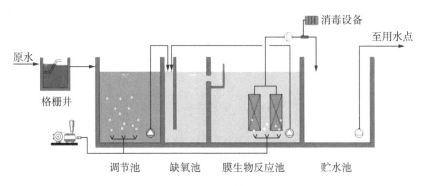

图 3.6　MBR 工艺流程图

工湿地＋自然湿地生态工程"组合工艺、"生态塘＋人工湿地"组合工艺等。植物生态系统在污水 COD、BOD、氨氮和磷的去除中表现出较好的效果,但其适用范围较窄,只适用于一些生态环境较为稳定的地区,植物对污染物的吸收和降解速度相对较慢,处理效率也受到了一定的限制;植物生态系统的建设和维护需要大量的人力和物力资源,还需要进行定期的管理和养护,因此维护成本较高。此外,植物生态系统的建设和运营需要一定的技术和管理水平,如果管理不当可能会影响污水处理效果。

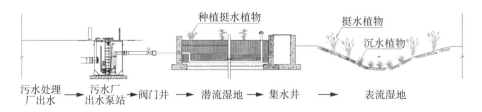

图 3.7　典型生态系统工艺流程图

3.2.3　化学处理方法

（1）高铁酸钾氧化法

高铁酸钾是一种比高锰酸钾、臭氧、氯气、过氧化氢氧化能力更强的强氧化剂,具有高效、无毒、无害等优点,是一种集氧化、吸附、助凝、絮凝、灭藻、杀菌、去池、脱色、除臭、去除有机污染物和重金属离子等多种功能的新型高效水处理剂。高铁酸钾的分解产物为铁锈,不会对人和环境产生危害,用于处理污水不会衍生出有害的金属离子或其他有害衍生物,并且在净水方面的效果显著。因此,它是一个安全、高效、无污染的水处理剂,具有很大的应用潜力。高铁酸钾对再生水中的 COD、BOD、色度、氨氮、磷等均具有良好的去除效果,但使用时要控制剂量,避免过量使用,否则可能会对水体造成负面影响。在再生水回用中,高铁酸钾氧化既可单独使用,也可与其他物化处理方法联合使用,以提升水质净化效果,如高铁酸钾/PAC 组合工艺、高铁酸钾+A/O+MBR 组合工艺、高铁酸钾+PAC+PAM 工艺、高铁酸钾+超滤组合工艺等。

(2) 臭氧氧化法

臭氧氧化法在污水深度处理中广泛使用,通常采用臭氧发生器制备臭氧气体,利用臭氧的高氧化性能,将臭氧气体与生活污水进行接触氧化反应,达到深度处理生活污水的目的。臭氧氧化法对生活污水中的有机物、色度和臭味等均可高效氧化降解,具有高效性;臭氧氧化法不仅能去除生活污水中的可溶性有机物,还可以去除难降解的化合物和微量的有机污染物,具有全面性;臭氧氧化法可以根据处理需要进行调整,如调整氧化剂的投加量、反应时间等参数,以达到更好的处理效果,具有可控性。然而,臭氧氧化法需要投资高成本的设备,包括臭氧发生器、臭氧接触器等,所以其初期投资比较高;同时,制备臭氧的能源消耗量较高,因此能耗比较大;另外,产生的臭氧尾气需要进一步处理,增加了处理成本。在再生水回用中,臭氧氧化一般不单独使用,而是与其他物化处理方法联合使用以达到最佳的处理效果,如臭氧/H_2O_2 工艺、臭氧/BAF 工艺、臭氧+超滤工艺、臭氧+反渗透工艺、UV/臭氧工艺、臭氧+混凝工艺等。

(3) Fenton(芬顿)氧化法

Fenton 氧化法是在亚铁离子存在下,H_2O_2 在酸性条件下生成强氧化能力的羟基自由基(·OH),并产生更多的其他活性氧,以对难降解有机物进行降解的方法。反应过程为链式反应。反应彻底,效果较好。其中,以·OH 产生为链的开始,而其他活性氧和反应中间体构成了链的节点,各活性氧被消耗,反应链终止。Fenton 氧化工艺适用于难降解废水的前处理、后端深度处理,如印染废水、造纸废水、医药化工废水、农药生产废水、陈年垃圾渗滤液废水等,常与磁混凝沉淀、滤布滤池等工艺配套使用。经典芬顿工艺产生铁泥较多,目前研究开发了多相芬顿技术、多金属非均相芬顿反应技术、电芬顿技术、光芬顿技术等,如中性 Fenton 氧化、UV/臭氧、UV/H_2O_2、UV/TiO_2 等。

(4) 紫外光相关氧化技术

紫外光氧化技术包括基于紫外光照射(主要是 UV-C)和紫外光与不同自由基促进剂的组合,以紫外光为基础的氧化方法主要有 UV/O_3、UV/H_2O_2。近年来,UV/过硫酸盐($SO_4^{·-}$)和 UV/Cl_2(·OH 和活性氯自由基)等方法也应用于污水中微污染物的深度处理。UV/O₃ 基于 UV 照射导致臭氧分解,产生的原子态氧与水快速反应形成激发态的 H_2O_2,随后激发态的 H_2O_2 分解产生·OH,快速降解污染物。该技术因紫外线灯和臭氧发生器都需要大量的电能,导致需要较高的能量。UV/H_2O_2 主要基于光催化分解 H_2O_2 产生·OH 降解污染物,因 H_2O_2 的摩尔吸收系数相对较低,该技术对 H_2O_2 的利用率不高,通常低于 10%。$SO_4^{·-}$ 具有比·OH 更高的氧化还原电位,因此,近年来基于产生 $SO_4^{·-}$ 的 UV/过二硫酸盐和 UV/过硫酸盐的高级氧化技术应运而生,过二硫酸盐的量子产率比 H_2O_2 略高,而过一硫酸盐的较低,所以研究较多的以 UV/过二硫酸盐为主,但其实际降解过程中会产生比 UV/H_2O_2 体系更多的氧化副产物。UV/Cl_2 是另一种有前景的高级氧化技术,经 UV 活化后,可产生多种活性氯自由基、HOCl 和·OH 等。氯自由基比·OH 具有选择性,对富电子基团有机物的降解效果明显,但该体系易形成含氯副产物。

3.2.4　联合处理方法

综上可知,在再生水回用处理方法中,每种方法都具有各自的优缺点,在实际使用中,单一依靠一种处理方法往往很难达到最优的处理效果。联合处理技术将物理、化学、生物的净化作用有机地组合起来,充分发挥各处理方法的长处,以期达到最佳的污染物去除效果,如臭氧氧化+多级过滤、臭氧氧化+活性过滤、多级 A/O+深床反硝化滤池、高效沉淀池+反硝化深床滤池+高级氧化、混凝沉淀+超滤、BAF+MBR、UF+RO、BAF+超滤、氧化+超滤等。联合处理技术将是污水深度处理技术的一个发展趋势和方向。

3.2.5　常见工艺组合(见表 3-3)

基于物化的处理工艺,常见有微絮凝+砂滤池、混凝/沉淀+纤维转盘滤池、混凝+滤布滤池、混凝/沉淀+过滤+活性炭吸附、混凝/沉淀+砂滤+活性炭工艺、混凝/沉淀+超滤、混凝/沉淀+纳滤、高密度沉淀池+V 形滤池、高效反应沉淀+纤维滤池工艺、高效反应沉淀+反硝化深床滤池、滤布滤池、石英砂滤池+纤维滤池、三级 A/O+深床滤池/滤布滤池、粉末活性炭+超滤、BAF+超滤、反硝化生物滤池+混凝沉淀+O₃+生物砂滤、过滤+O₃+生物活性炭工艺、O₃-BAC-改性超滤膜、UF/MF+RO 等。

常见的基于化学方法的深度处理工艺有 O₃、O₃+BAC、O₃/H_2O_2、UV/O₃、O₃+气浮沉淀、O₃/混凝、O₃+反渗透、O₃+超滤、O₃+陶瓷膜+活性炭、高铁酸钾、高锰酸钾＋活性炭滤池、高级氧化＋高效吸附＋生物膜法联用、高效沉淀池＋反硝化深床滤池＋高级氧化、中性 Fenton 氧化、UV/H_2O_2、UV/过硫酸盐、UV/H_2O_2(UV/PS)＋超滤、电絮凝＋微滤、电絮凝、电氧化等。

以人工湿地为基础的处理工艺,常见有人工湿地、潜流湿地＋表面流湿地、生态氧化塘＋表流湿地、曝气生物滤池＋人工湿地、生态氧化池＋垂直流人工湿地＋自然湿地生态工程组合工艺、强化澄清调节池＋微曝气垂直潜流人工湿地＋水平潜流人工湿地＋表面流人工湿地＋氧化塘工艺、强化生化膜系统＋有毒物质高效脱除系统＋营养盐集约式植物资源化系统＋高效自净水生生态系统＋高效生态滤池系统工艺、生态浮床等。

表 3-3　常用处理工艺组合对比

工艺	特点	不足
高效沉淀池＋砂滤＋消毒	处理工艺流程简洁,对进水水质适应性强,运行简单且运行费用低	出水水质不高
生物滤池＋滤布滤池＋消毒	处理效果稳定,运行简单	占地面积大,设备工艺复杂,对系统的安全性要求较高,水头损失大
A^2/O＋过滤＋消毒	工艺简单,同步进行脱氮除磷,运用范围较广,水力停留时间小于其他同类工艺	除磷效果有限且难以提高,对碳源有要求,可能需要额外添加碳源
MBR＋消毒	出水水质高且稳定,剩余污泥量少,占地面积小	膜组件、基建投资高,单位体积的污水处理成本高。膜组件容易被污染,且系统能耗高
混凝＋沉淀＋过滤＋消毒	能够满足出水水质要求,工艺简单	流程较长,运行管理复杂,占地大
絮凝＋过滤＋消毒	处理流程简洁,节省占地面积,减少投资和运行费用	保持出水水质稳定性存在一定难度
微滤/超滤＋反渗透	出水水质高,生产运行稳定,工艺系统集成化、模块化水平高,便于生产能力的增容、扩容	工程投资及成本相比其他技术要高

3.3　再生水生产工艺选择与应用

3.3.1　生产工艺选择

我国再生水生产工艺主要由再生水用途、城市污水出水水质和建设成本等因素决定。再生水处理工艺种类较多,不同处理工艺之间的投资和运行成本差距很大。综合以上资料,目前使用最广泛的生产工艺分为直接过滤、混凝沉淀过滤、生物处理工艺、膜处理工艺等。其中,直接过滤工艺主要包括砂滤、活性炭滤池、曝气生物滤池等,出水可达到一级 A 标准,吨水投资和运行成本较低;而生物处理和膜处理工艺(如微滤、反渗透等),其处理设备较为先进,可满足不同用水途径水质需求,但是吨水投资和运行成本相对较高。以 5 万 t/d 规模为例,不同再生水处理工艺的吨水投资和运行成本如表 3-4 所示。

表 3-4 不同工艺投资成本和运行成本

工艺类型	吨水投资(元)	吨水运行成本(元)
直接过滤	450~500	0.25~0.27
化学絮凝+沉淀+过滤	550~600	0.28~0.34
化学絮凝+沉淀+微滤	1 950~2 000	1.15~1.32
化学絮凝+微滤+反渗透	4 300~4 400	2.25~2.73

随着水处理技术的快速发展,再生水生产的投资成本和运行成本呈现逐渐下降的趋势。但是,投资成本和运行成本仍然是工艺选择的决定性因素。对于河道补水、园林绿化、景观补水等低水平利用的再生水,污水经过处理后,符合相关标准即可,处理方法简单,成本较低。对于工业利用的再生水,要符合企业的用水水质标准,因此,一般对水质的要求较高,膜技术是常采用的处理工艺,但处理成本相对较高。具体到每个再生水的生产工艺,可以根据再生水的用途做适当平衡,降低再生水的生产成本。

3.3.2 工艺应用情况

污水二级处理系统是污水处理系统的核心,主要作用是去除污水中呈胶体和溶解状态的有机物。经二级处理后,一般可以满足污水综合排放标准。为了满足污水再生回用的要求,需要增加深度处理工艺对二级处理出水做进一步处理,以降低悬浮物和有机物,并去除氮磷类营养物质。

目前,大部分污水处理厂采用的处理方式为"传统污水二、三级处理+深度处理",处理后对出水进行消毒处理,以确保水质可以达到甚至高于一级 A 标准(见表 3-5)。

活性污泥工艺是较为常用的二级处理方式,但部分地区因为环境、地理因素的限制选用了其他工艺,如高效沉淀、MBR 等。而对于深度处理工艺,因为对出水水质的要求不同,同时受到基建、维护经费的限制,工艺的选择视具体情况确定。

表 3-5　处理工艺应用情况

地区	污水处理厂	主要处理工艺	出水水质标准
宿迁市	宿迁工业园区再生水厂	高效沉淀池+纤维转盘滤池+消毒池+清水池	—
	通湖大道处理厂	预处理+CN曝气生物滤池+混凝沉淀	准Ⅳ类
无锡市新吴区	新城污水处理厂	MBR/MSBR+滤布滤池+臭氧接触+活性炭滤池+超滤	准Ⅲ类
	梅村污水处理厂	A^2/O+CAST+滤布滤池	江苏太湖地标
		MBR+滤布滤池	江苏太湖地标
		MSBR+生物接触氧化池+臭氧活性炭滤池+滤布滤池+超滤	准Ⅲ类
	硕放污水处理厂	ICEAS+滤布滤池	江苏太湖地标
		一体化MBR膜	江苏太湖地标
	太湖新城污水处理厂	改良A^2/O+微絮凝	江苏太湖地标
张家港市	第一污水处理厂	三槽式氧化沟+反硝化连续砂过滤+消毒	准Ⅳ类
	第二污水处理厂	DE型氧化沟+反硝化连续砂过滤+消毒	准Ⅳ类
	第三污水处理厂	MNR-S+反硝化深床滤池+消毒	准Ⅳ类
	城南污水处理厂	多段A/O+混凝过滤+消毒	准Ⅳ类
	锦丰片区污水处理厂	改良A^2/O+混凝沉淀+消毒	准Ⅳ类
	乐余片区污水处理厂	多段A/O+MBBR+反硝化深床滤池+消毒	准Ⅳ类
	常阴片区污水处理厂	改良A^2/O+混凝沉淀+消毒	准Ⅳ类
	塘桥片区污水处理厂	多段AO+MBBR+絮凝沉淀+消毒	准Ⅳ类
	金港片区污水处理厂	A^2/O+MBR+消毒	准Ⅳ类
合肥市	经开区污水处理厂	氧化沟+深床滤池	一级A
	岗岭污水处理厂	A^2/O+深度处理+氯酸钠消毒	一级A
	巢湖城北污水处理厂	氧化沟+深度处理+氯酸钠消毒	一级A
	西部组团污水处理厂	氧化沟+深床滤池	一级A
	下塘污水处理厂	水解酸化+氧化沟+生化滤池	一级A
	城西污水处理厂	A^2/O+深度处理	一级A

地区	污水处理厂	主要处理工艺	出水水质标准
淮北市	丁楼污水处理厂	氧化沟	一级 B
	龙湖污水处理厂	预处理＋均质池＋水解池＋氧化沟二级生化＋曝气生物滤池＋V 形滤池＋消毒处理	一级 A
	蓝海污水处理厂	水解酸化＋A^2/O‐SBR＋高密度沉淀＋反硝化滤池	一级 A
	濉溪县污水处理厂	改良型氧化沟＋高效沉淀池＋反硝化深床滤池	一级 A
	濉溪县第二污水处理厂	水解酸化＋A^2/O＋微絮凝过滤	一级 A
莆田市湄洲岛	湄洲岛人工湿地污水处理厂	水解酸化池＋曝气沉淀＋一体化池＋人工湿地＋紫外消毒	—
	湄洲岛污水处理厂	预处理＋改良 A^2/O＋二沉池＋高效沉淀池＋反硝化深床滤池＋次氯酸钠消毒	一级 A
宁波市	岚山净水厂	超滤膜＋反渗透膜	—
义乌市	苏福工业水厂	曝气生物滤池＋混凝沉淀池＋V 形滤池	一级 A
抚州市宜黄县	宜黄县城镇生活污水处理厂	二级生化处理＋深度处理	一级 A
	宜黄县工业园区污水处理厂	移动床生物膜反应器＋高效沉淀池＋反硝化深床滤池	一级 B
赣州市大余县	大余县污水处理厂	氧化沟＋高效沉淀池＋滤布滤池＋次氯酸钠消毒	一级 A
	工业园区污水处理厂	预处理＋二级化学沉淀＋A^2/O	一级 A
九江市	白水湖污水处理厂	多模式 A^2/O＋缺氧＋MBR 膜处理	一级 A
	芳兰污水处理厂	多模式 A^2/O＋MBR 膜处理	Ⅳ类
	两河污水处理厂	A^2/O 或 A/O＋高密度沉淀池＋深床滤池处理	Ⅳ类
	鹤问湖污水处理厂	A^2/O＋高密度沉淀＋过滤＋消毒处理	一级 A

4

再生水水质适宜性分析

4.1 水质标准对比分析

4.1.1 城镇污水处理厂排放标准与地表水环境质量标准比对

将《城镇污水处理厂污染物排放标准》(GB 18918—2002)和《地表水环境质量标准》(GB 3838—2002)中的"地表水环境质量标准基本项目标准限值"共有指标(共 20 项)的指标值进行比对,结果如表 4-1 所示。可以看出,城镇污水处理厂一级 A 最高出水标准规定的阴离子表面活性剂、化学需氧量(COD)、氨氮、总磷、总氮、总硒、挥发酚、总氰化物等 8 项指标(前 5 项为基本控制项目,后 3 项为选择控制项目)达不到地表水环境 V 类标准,一级 A 达标排水仍是污水,需经再生工艺进一步净化处理后方可再生利用。

4.1.2 不同利用领域再生水水质标准比对

根据《城市污水再生利用 地下水回灌水质》(GB/T 19772—2005)、《城市污水再生利用 工业用水水质》(GB/T 19923—2005)[①]、《城市污水再生利用 农田灌溉用水水质》(GB 20922—2007)、《城市污水再生利用 绿地灌溉水质》(GB/T 25499—2010)、《城市污水再生利用 景观环境用水水质》(GB/T 18921—2019)、《城市污水再生利用 城市杂用水水质》(GB/T 18920—2020)6 部国家标准,对地下水回灌、工业用水、农田灌溉用水、绿地灌溉用水、景观环境用水、城市杂用水等不同利用领域的再生水水质标准进行比对,结果如表 4-2 所示。可以看出,在 6 个利用领域中,地下水回灌对再生水的水质要求最高,农田灌溉用水对再生水的水质要求最低;地下水回灌控制指标最多,共计 73 项(基本控制项目 21 项,选择控制项目 52 项)。工业用水控制指标为 20 项,农田灌溉用水控制指标为 36 项(基本控制项目 19 项,选择控制项目 17 项),绿地灌溉用水控制指标为 34 项(基本控制项目 12 项,选择控制项目 22 项),景观环境用水控制指标为 10 项,城市杂用水控制指标为 15 项(基本控制项目 13 项,选择控制项目 2 项)。

---

① 本书内容开展对比工作时采用该标准,现为《城市污水再生利用 工业用水水质》(GB/T 19923—2024)。

表4-1 城镇污水处理厂出水标准与地表水环境质量标准比对

序号	控制项目	单位	《地表水环境质量标准》(GB 3838—2002)					《城镇污水处理厂污染物排放标准》(GB 18918—2002)			
								一级标准		二级标准	三级标准
			I类	II类	III类	IV类	V类	A标准	B标准		
1	pH	—	6~9	6~9	6~9	6~9	6~9	6~9	6~9	6~9	6~9
2	阴离子表面活性剂	mg/L	0.2	0.2	0.2	0.3	0.3	0.5	1	2	5
3	化学需氧量(COD)	mg/L	15	15	20	30	40	50	60	100	120
4	五日生化需氧量(BOD$_5$)	mg/L	3	3	4	6	10	10	20	30	60
5	氨氮(以N计)	mg/L	0.15	0.5	1.0	1.5	2.0	5(8)*	8(15)	25(30)	—
6	总磷(以P计)	mg/L	0.02(湖,库0.01)	0.1(湖,库0.025)	0.2(湖,库0.05)	0.3(湖,库0.1)	0.4(湖,库0.2)	0.5	1	3	5
7	总氮(以N计)	mg/L	0.2	0.5	1.0	1.5	2.0	15	20	—	—
8	石油类	mg/L	0.05	0.05	0.05	0.5	1.0	1	3	5	15
9	粪大肠菌群数	个/L	200	2 000	10 000	20 000	40 000	1 000	10 000	10 000	—
10	总汞	mg/L	0.000 05	0.000 05	0.000 1	0.001	0.001	0.001			
11	总镉	mg/L	0.001	0.005	0.005	0.005	0.01	0.01			
12	六价铬	mg/L	0.01	0.05	0.05	0.05	0.1	0.05			
13	总砷	mg/L	0.05	0.05	0.05	0.1	0.1	0.1			
14	总铅	mg/L	0.01	0.01	0.05	0.05	0.1	0.1			
15	总铜	mg/L	0.01	1.0	1.0	1.0	1.0	0.5			
16	总锌	mg/L	0.05	1.0	1.0	2.0	2.0	1.0			

续表

序号	控制项目	单位	《地表水环境质量标准》(GB 3838—2002)					《城镇污水处理厂污染物排放标准》(GB 18918—2002)			
			Ⅰ类	Ⅱ类	Ⅲ类	Ⅳ类	Ⅴ类	一级标准		二级标准	三级标准
								A标准	B标准		
17	总硒	mg/L	0.01	0.01	0.01	0.02	0.02			0.1	
18	挥发酚	mg/L	0.002	0.002	0.005	0.01	0.1			0.5	
19	总氰化物	mg/L	0.005	0.05	0.2	0.2	0.2			0.5	
20	硫化物	mg/L	0.05	0.1	0.2	0.5	1.0			1.0	

注：* 括号外数值为水温＞12℃时的控制指标，括号内数值为水温≤12℃时的控制指标。

表 4-2　不同利用领域再生水水质标准比对

序号	控制项目	单位	地下水回灌 GB/T 19772—2005	工业用水 GB/T 19923—2005	农田灌溉用水 GB 20922—2007	绿地灌溉用水 GB/T 25499—2010	景观环境用水 GB/T 18921—2019	城市杂用水 GB/T 18920—2020
1	色度	度	15~30	30	—	30	20	15~30
2	浊度	NTU	5~10	5	—	5~10	5~10	5~10
3	嗅	—	—	—	—	无不快感	无漂浮物,无令人不愉快的嗅和味	无不快感
4	pH	—	6.5~8.5	6.5~9.0	5.5~8.5	6.0~9.0	6.0~9.0	6.0~9.0
5	总硬度(以 $CaCO_3$ 计)	mg/L	450	450	—	—	—	—
6	溶解性总固体	mg/L	1 000	1 000	1 000~2 000	1 000	—	1 000~2 000
7	硫酸盐	mg/L	250	250~600	—	—	—	500
8	氯化物	mg/L	250	250	350	250	—	350
9	挥发酚	mg/L	0.002~0.5	—	1.0	—	—	—
10	阴离子表面活性剂	mg/L	0.3	0.5	5~8	1.0	—	0.5
11	化学需氧量(COD)	mg/L	15~40	60	100~200	—	—	—
12	五日生化需氧量(BOD_5)	mg/L	4~10	10~30	40~100	20	6~10	10
13	硝酸盐(以 N 计)	mg/L	15	—	—	—	—	—
14	亚硝酸盐(以 N 计)	mg/L	0.02	—	—	—	—	—
15	氨氮(以 N 计)	mg/L	0.2~1.0	10	5~8	20	3~5	5~8
16	总磷(以 P 计)	mg/L	1.0	1	1.0	—	0.3~0.5	—
17	总氮(以 N 计)	mg/L	—	—	—	—	10~15	—

续表

序号	控制项目	单位	地下水回灌 GB/T 19772—2005	工业用水 GB/T 19923—2005	农田灌溉用水 GB 20922—2007	绿地灌溉用水 GB/T 25499—2010	景观环境用水 GB/T 18921—2019	城市杂用水 GB/T 18920—2020
18	动植物油	mg/L	0.05~0.5	—	—	—	—	—
19	石油类	mg/L	0.05~0.5	1	1.0~10	—	—	—
20	氰化物	mg/L	0.05	—	0.5	0.5	—	—
21	硫化物	mg/L	0.2	—	1.0	—	—	—
22	氟化物	mg/L	1.0	—	2.0	2.0	—	—
23	粪大肠菌群数	个/L	3~1 000	2 000	20 000~40 000	200~1 000	3~1 000	—
24	蛔虫卵数	个/L	—	—	2	1~2	—	—
25	大肠埃希氏菌	MPN/100 mL	—	—	—	—	—	不应检出
26	悬浮物（SS）	mg/L	—	30	60~100	—	—	—
27	二氧化硅	mg/L	—	30~50	—	—	—	—
28	总碱度（以 $CaCO_3$ 计）	mg/L	—	350	—	—	—	—
29	余氯	mg/L	—	≥0.05	1.0~1.5	0.2~0.5	0.05~0.1	0.2~1.0
30	溶解氧	mg/L	—	—	≥0.5	—	—	≥2.0
31	总铅	mg/L	0.05	—	0.2	0.2	—	—
32	总镉	mg/L	—	—	0.5	0.5	—	—
33	总钒	mg/L	—	—	0.1	0.1	—	—
34	总汞	mg/L	0.001	—	0.001	0.001	—	—
35	钠吸收率（SAR）	mg/L	—	—	—	9	—	—

续表

序号	控制项目	单位	地下水回灌 GB/T 19772—2005	工业用水 GB/T 19923—2005	农田灌溉用水 GB 20922—2007	绿地灌溉用水 GB/T 25499—2010	景观环境用水 GB/T 18921—2019	城市杂用水 GB/T 18920—2020
36	总镉	mg/L	0.01	—	0.01	0.01	—	—
37	六价铬	mg/L	0.05	—	0.1	0.1	—	—
38	总砷	mg/L	0.05	—	0.05~0.1	0.05	—	—
39	总镍	mg/L	0.05	—	0.1	0.05	—	—
40	总汞	mg/L	0.000 2	—	0.002	0.002	—	—
41	总钴	mg/L	—	—	1.0	1.0	—	—
42	总铜	mg/L	1.0	—	1.0	0.5	—	—
43	总锌	mg/L	1.0	—	2.0	1.0	—	—
44	总锰	mg/L	0.1	0.1	0.3	0.3	—	0.1
45	总硒	mg/L	0.01	—	0.02	0.02	—	—
46	总铁	mg/L	0.3	0.3	1.5	1.5	—	0.3
47	甲醛	mg/L	0.9	—	1.0	1.0	—	—
48	苯	mg/L	0.01	—	2.5	2.5	—	—
49	三氯乙醛	mg/L	0.01	—	0.5	0.5	—	—
50	丙烯醛	mg/L	0.1	—	0.5	—	—	—
51	硼	mg/L	0.5	—	1.0	1.0	—	—
52	烷基汞	mg/L	不得检出	—	—	—	—	—
53	总银	mg/L	0.05	—	—	—	—	—

续表

序号	控制项目	单位	地下水回灌 GB/T 19772—2005	工业用水 GB/T 19923—2005	农田灌溉用水 GB 20922—2007	绿地灌溉用水 GB/T 25499—2010	景观环境用水 GB/T 18921—2019	城市杂用水 GB/T 18920—2020
54	总氮	mg/L	1.0	—	—	—	—	—
55	苯并(a)芘	mg/L	0.000 01	—	—	—	—	—
56	苯胺	mg/L	0.1	—	—	—	—	—
57	硝基苯	mg/L	0.017	—	—	—	—	—
58	马拉硫磷	mg/L	0.05	—	—	—	—	—
59	乐果	mg/L	0.08	—	—	—	—	—
60	对硫磷	mg/L	0.003	—	—	—	—	—
61	甲基对硫磷	mg/L	0.002	—	—	—	—	—
62	五氯酚	mg/L	0.009	—	—	—	—	—
63	三氯甲烷	mg/L	0.06	—	—	—	—	—
64	四氯化碳	mg/L	0.002	—	—	—	—	—
65	三氯乙烯	mg/L	0.07	—	—	—	—	—
66	四氯乙烯	mg/L	0.04	—	—	—	—	—
67	甲苯	mg/L	0.7	—	—	—	—	—
68	二甲苯	mg/L	0.5	—	—	—	—	—
69	乙苯	mg/L	0.3	—	—	—	—	—
70	氯苯	mg/L	0.3	—	—	—	—	—
71	1,4-二氯苯	mg/L	0.3	—	—	—	—	—

续表

序号	控制项目	单位	地下水回灌 GB/T 19772—2005	工业用水 GB/T 19923—2005	农田灌溉用水 GB 20922—2007	绿地灌溉用水 GB/T 25499—2010	景观环境用水 GB/T 18921—2019	城市杂用水 GB/T 18920—2020
72	1,2-二氯苯	mg/L	1.0	—	—	—	—	—
73	硝基氯苯	mg/L	0.05	—	—	—	—	—
74	2,4-二硝基氯苯	mg/L	0.5	—	—	—	—	—
75	2,4-二氯苯酚	mg/L	0.093	—	—	—	—	—
76	2,4,6-三氯苯酚	mg/L	0.2	—	—	—	—	—
77	邻苯二甲酸二丁酯	mg/L	0.003	—	—	—	—	—
78	邻苯二甲酸二(2-乙基己基)酯	mg/L	0.008	—	—	—	—	—
79	丙烯腈	mg/L	0.1	—	—	—	—	—
80	滴滴涕	mg/L	0.001	—	—	—	—	—
81	六六六	mg/L	0.005	—	—	—	—	—
82	六氯苯	mg/L	0.05	—	—	—	—	—
83	七氯	mg/L	0.000 4	—	—	—	—	—
84	林丹	mg/L	0.002	—	—	—	—	—
85	总α放射性	Bq/L	0.1	—	—	—	—	—
86	总β放射性	Bq/L	1	—	—	—	—	—

4.1.3 再生水水质国家标准和水利行业标准比对

(1) 地下水回灌再生水水质标准比对

将国家标准《城市污水再生利用 地下水回灌水质》(GB/T 19772—2005)和水利行业标准《再生水水质标准》(SL 368—2006)中"再生水利用于地下水回灌"的指标及指标值进行比对,结果如表 4-3 所示。可以看出,两项标准共有的 17 项指标中,水利行业标准的指标值与国家标准中井灌的指标值完全一致。此外,水利行业标准还有嗅、溶解氧、铅、铬 4 项个性指标要求,而国家标准则有硫酸盐、氯化物、挥发酚等 56 项个性指标(基本控制项目 9 项,选择控制项目 47 项)要求。

(2) 工业用水再生水水质标准比对

将国家标准《城市污水再生利用 工业用水水质》(GB/T 19923—2005)和水利行业标准《再生水水质标准》(SL 368—2006)中"再生水利用于工业用水"的指标及指标值进行比对,结果如表 4-4 所示。可以看出,两项标准共有的 13 项指标中,水利行业标准的指标值与国家标准中的指标值基本一致,个别指标略高于国家标准。此外,国家标准还有硫酸盐、氯化物、阴离子表面活性剂、石油类、二氧化硅、总碱度、余氯等 7 项个性指标要求。

(3) 农业灌溉用水再生水水质标准比对

将国家标准《城市污水再生利用 农田灌溉用水水质》(GB 20922—2007)和水利行业标准《再生水水质标准》(SL 368—2006)中"再生水利用于农业用水"的指标及指标值进行比对,结果如表 4-5 所示。可以看出,两项标准共有的 11 项指标中,水利行业标准的指标值明显高于国家标准的指标值,如化学需氧量(COD)、五日生化需氧量(BOD_5)、粪大肠菌群数、悬浮物(SS)、总铅、氰化物等。此外,水利行业标准还有色度、浊度、总硬度、总铬 4 项个性指标要求,而国家标准则有挥发酚、石油类、余氯等 25 项个性指标(基本控制项目 9 项,选择控制项目 16 项)要求。

将国家标准《城市污水再生利用 农田灌溉用水水质》(GB 20922—2007)和国家标准《农田灌溉水质标准》(GB 5084—2021)的指标及指标值进行比对,结果如表 4-5 所示。可以看出,两项标准共有的 27 项指标的指标值基本一致,前者个别指标要高于后者,如化学需氧量(COD)、五日生化需氧量(BOD_5)、蛔虫卵数、悬浮物(SS)、总镍等。

表4-3　地下水回灌再生水水质标准比对（国家标准和水利行业标准）

序号	控制项目	单位	《城市污水再生利用 地下水回灌水质》(GB/T 19772—2005)		《再生水水质标准》(SL 368—2006)
			地表回灌*	井灌	
1	色度	度	30(基本控制)	15(基本控制)	15
2	浊度	NTU	10(基本控制)	5(基本控制)	5
3	pH	—	6.5~8.5(基本控制)	6.5~8.5(基本控制)	6.5~8.5
4	总硬度(以CaCO₃计)	mg/L	450(基本控制)	450(基本控制)	450
5	溶解性总固体	mg/L	1 000(基本控制)	1 000(基本控制)	1 000
6	化学需氧量(COD)	mg/L	40(基本控制)	15(基本控制)	15
7	五日生化需氧量(BOD₅)	mg/L	10(基本控制)	4(基本控制)	4
8	亚硝酸盐(以N计)	mg/L	0.02(基本控制)	0.02(基本控制)	0.02
9	氨氮(以N计)	mg/L	1.0(基本控制)	0.2(基本控制)	0.2
10	氟化物	mg/L	0.05(基本控制)	0.05(基本控制)	0.05
11	氯化物	mg/L	1.0(基本控制)	1.0(基本控制)	1.0
12	粪大肠菌群数	个/L	1 000(基本控制)	3(基本控制)	3
13	总汞	mg/L	0.001(选择控制)		0.001
14	总镉	mg/L	0.01(选择控制)		0.01
15	总砷	mg/L	0.05(选择控制)		0.05
16	总锰	mg/L	0.1(选择控制)		0.1
17	总铁	mg/L	0.3(选择控制)		0.3
18	硫酸盐	mg/L	250(基本控制)	250(基本控制)	—
19	氯化物	mg/L	250(基本控制)	250(基本控制)	—
20	挥发酚类(以苯酚计)	mg/L	0.5(基本控制)	0.002(基本控制)	—

再生水利用配置探索与实践

续表

序号	控制项目	单位	《城市污水再生利用 地下水回灌水质》(GB/T 19772—2005)		《再生水水质标准》(SL 368—2006)
			地表回灌*	井灌	
21	阴离子表面活性剂	mg/L	0.3(基本控制)	0.3(基本控制)	—
22	硝酸盐(以N计)	mg/L	15(基本控制)	15(基本控制)	—
23	总磷(以P计)	mg/L	1.0(基本控制)	1.0(基本控制)	—
24	动植物油	mg/L	0.5(基本控制)	0.05(基本控制)	—
25	石油类	mg/L	0.5(基本控制)	0.05(基本控制)	—
26	硫化物	mg/L	0.2(基本控制)	0.2(基本控制)	—
27	总砷	mg/L	0.01(选择控制)		—
28	总镉	mg/L	0.05(选择控制)		—
29	总铍	mg/L	0.000 2(选择控制)		—
30	总铜	mg/L	1.0(选择控制)		—
31	总锌	mg/L	1.0(选择控制)		—
32	六价铬	mg/L	0.05(选择控制)		—
33	甲醛	mg/L	0.9(选择控制)		—
34	苯	mg/L	0.01(选择控制)		—
35	三氯乙醛	mg/L	0.01(选择控制)		—
36	丙烯醛	mg/L	0.1(选择控制)		—
37	硼	mg/L	0.5(选择控制)		—
38	烷基汞	mg/L	不得检出(选择控制)		—
39	总银	mg/L	0.05(选择控制)		—
40	总铅	mg/L	1(选择控制)		—

续表

序号	控制项目	单位	《城市污水再生利用 地下水回灌水质》(GB/T 19772—2005)		《再生水水质标准》(SL 368—2006)
			地表回灌*	井灌	
41	苯并(a)芘	mg/L	0.000 01(选择控制)		—
42	苯胺	mg/L	0.1(选择控制)		—
43	硝基苯	mg/L	0.017(选择控制)		—
44	马拉硫磷	mg/L	0.05(选择控制)		—
45	乐果	mg/L	0.08(选择控制)		—
46	对硫磷	mg/L	0.003(选择控制)		—
47	甲基对硫磷	mg/L	0.002(选择控制)		—
48	五氯酚	mg/L	0.009(选择控制)		—
49	三氯甲烷	mg/L	0.06(选择控制)		—
50	四氯化碳	mg/L	0.002(选择控制)		—
51	三氯乙烯	mg/L	0.07(选择控制)		—
52	四氯乙烯	mg/L	0.04(选择控制)		—
53	甲苯	mg/L	0.7(选择控制)		—
54	二甲苯	mg/L	0.5(选择控制)		—
55	乙苯	mg/L	0.3(选择控制)		—
56	氯苯	mg/L	0.3(选择控制)		—
57	1,4-二氯苯	mg/L	0.3(选择控制)		—
58	1,2-二氯苯	mg/L	1.0(选择控制)		—
59	硝基氯苯	mg/L	0.05(选择控制)		—
60	2,4-二硝基氯苯	mg/L	0.5(选择控制)		—

续表

序号	控制项目	单位	《城市污水再生利用 地下水回灌水质》(GB/T 19772—2005)		《再生水水质标准》(SL 368—2006)
			地表回灌*	井灌	
61	2,4-二氯苯酚	mg/L	0.093(选择控制)		—
62	2,4,6-三氯苯酚	mg/L	0.2(选择控制)		—
63	邻苯二甲酸二丁酯	mg/L	0.003(选择控制)		—
64	邻苯二甲酸二(2-乙基己基)酯	mg/L	0.008(选择控制)		—
65	丙烯腈	mg/L	0.1(选择控制)		—
66	滴滴涕	mg/L	0.001(选择控制)		—
67	六六六	mg/L	0.005(选择控制)		—
68	六氯苯	mg/L	0.05(选择控制)		—
69	七氯	mg/L	0.000 4(选择控制)		—
70	林丹	mg/L	0.002(选择控制)		—
71	总α放射性	Bq/L	0.1(选择控制)		—
72	总β放射性	Bq/L	1(选择控制)		—
73	嗅	—	—		无不快感
74	溶解氧	mg/L	—		≥1.0
75	铝	mg/L	0.05(选择控制)		0.05
76	铬	mg/L			0.05

注：表层黏性土厚度不宜小于1m，若小于1m按井灌要求执行。

表4-4 工业用水再生水水质标准比对（国家标准和水利行业标准）

序号	控制项目	单位	《城市污水再生利用 工业用水水质》(GB/T 19923—2005)					《再生水水质标准》(SL 368—2006)		
			冷却用水		洗涤用水	锅炉补给水	工艺与产品用水	冷却用水	洗涤用水	锅炉用水
			直流冷却水	敞开式循环冷却水系统补充水						
1	色度	度	30	30	30	30	30	30	30	30
2	浊度	NTU	—	5	—	5	5	5	5	5
3	pH	—	6.5~9.0	6.5~8.5	6.5~9.0	6.5~8.5	6.5~8.5	6.5~8.5	6.5~9.0	6.5~8.5
4	总硬度（以 $CaCO_3$ 计）	mg/L	450	450	450	450	450	450	450	450
5	溶解性总固体	mg/L	1 000	1 000	1 000	1 000	1 000	1 000	1 000	1 000
6	化学需氧量（COD）	mg/L	—	60	—	60	60	60	60	60
7	五日生化需氧量（BOD_5）	mg/L	30	10	30	10	10	10	30	10
8	氨氮（以 N 计）	mg/L	10*	10*	—	10	10	10*	10	10
9	总磷（以 P 计）	mg/L	—	1	—	1	1	1.0	1.0	1.0
10	粪大肠菌群数	个/L	2 000	2 000	2 000	2 000	2 000	2 000	2 000	2 000
11	悬浮物（SS）	mg/L	30	—	30	—	30	30	30	5
12	总锰	mg/L	—	0.1	0.1	0.1	0.1	0.1	0.1	0.1
13	总铁	mg/L	—	0.3	0.3	0.3	0.3	0.3	0.3	0.3
14	硫酸盐	mg/L	600	250	250	250	250	—	—	—
15	氯化物	mg/L	250	250	250	250	250	—	—	—
16	阴离子表面活性剂	mg/L	—	0.5	0.5	0.5	0.5	—	1.0	—
17	石油类	mg/L	—	1	—	1	1	—	—	—

续表

序号	控制项目	单位	《城市污水再生利用 工业用水水质》(GB/T 19923—2005)					《再生水水质标准》(SL 368—2006)		
			冷却用水		洗涤用水	锅炉补给水	工艺与产品用水	冷却用水	洗涤用水	锅炉用水
			直流冷却水	敞开式循环冷却水系统补充水						
18	二氧化硅	mg/L	50	50	—	30	30	—	—	—
19	总碱度（以 CaCO₃ 计）	mg/L	350	350	350	350	350	—	—	—
20	余氯	mg/L	≥0.05	≥0.05	≥0.05	≥0.05	≥0.05	—	—	—

注：＊当敞开式循环冷却水系统换热器为铜质时，循环冷却系统中循环水的氨氮指标应小于 1 mg/L。

表 4-5 农业灌溉用水再生水水质标准比对（国家标准和水利行业标准）

序号	控制项目	单位	《城市污水再生利用 农田灌溉用水水质》（GB 20922—2007）					《再生水水质标准》（SL 368—2006）	《农田灌溉水质标准》（GB 5084—2021）			
			指标类型	纤维作物	旱地谷物、油料作物	水田谷物	露地蔬菜		指标类型	旱地作物	水田作物	蔬菜
1	pH	—	基本控制项目	5.5~8.5	5.5~8.5	5.5~8.5	5.5~8.5	5.5~8.5	基本控制项目	5.5~8.5	5.5~8.5	5.5~8.5
2	溶解性总固体	mg/L		1 000（非盐碱土地区）、2 000（盐碱土地区）				1 000		1 000（非盐碱土地区）、2 000（盐碱土地区）		
3	氯化物	mg/L		350	350	350	350	—		350	350	350
4	阴离子表面活性剂	mg/L		8.0	8.0	5.0	5.0	—		8	5	5
5	化学需氧量（COD）	mg/L		200	180	150	100	90		200	150	100^a、60^b
6	五日生化需氧量（BOD$_5$）	mg/L		100	80	60	40	35		100	60	40^a、15^b
7	硫化物	mg/L		1.0	1.0	1.0	1.0	—		1	1	1
8	粪大肠菌群数	个/L		40 000	40 000	40 000	20 000	10 000		40 000 MPN/L	40 000 MPN/L	20 000^a、10 000^b MPN/L
9	蛔虫卵数	个/L		2	2	2	2	—		20（个/10 L）	20（个/10 L）	20^a、10^b（个/10 L）
10	悬浮物（SS）	mg/L		100	90	80	60	30		100	80	60^a、15^b
11	总铝	mg/L		0.2	0.2	0.2	0.2	0.1		0.2	0.2	0.2
12	总汞	mg/L		0.001	0.001	0.001	0.001	0.001		0.001	0.001	0.001
13	总镉	mg/L		0.01	0.01	0.01	0.01	0.01		0.01	0.01	0.01
14	六价铬	mg/L		0.1	0.1	0.1	0.1	—		0.1	0.1	0.1
15	总砷	mg/L		0.1	0.1	0.05	0.05	0.05		0.1	0.1	0.1
16	水温	℃		—	—	—	—	—		35	35	35

续表

序号	控制项目	单位	《城市污水再生利用 农田灌溉用水水质》(GB 20922—2007)					《再生水水质标准》(SL 368—2006)	《农田灌溉水质标准》(GB 5084—2021)			
			指标类型	纤维作物	旱地谷物、油料作物	水田谷物	露地蔬菜		指标类型	旱地作物	水田作物	蔬菜
17	挥发酚	mg/L	基本控制项目	1.0	1.0	1.0	1.0	—		1	1	1
18	石油类	mg/L		10	10	5.0	1.0	—		10	5	1
19	余氯	mg/L		1.5	1.5	1.0	1.0	—		—	—	—
20	溶解氧	mg/L		≥0.5	≥0.5	≥0.5	≥0.5	—		—	—	—
21	氰化物	mg/L	选择控制项目	0.5				0.05	选择控制项目	0.5	0.5	0.5
22	氟化物	mg/L		2.0				—		2(一般地区)、3(高氟区)		
23	总镍	mg/L		0.1				—		0.2	0.2	0.2
24	总铜	mg/L		1.0				—		1	0.5	1
25	总锌	mg/L		2.0				—		2	2	2
26	总硒	mg/L		0.02				—		0.02	0.02	0.02
27	苯	mg/L		2.5				—		2.5	2.5	2.5
28	三氯乙醛	mg/L		0.5				—		0.5	1	0.5
29	丙烯醛	mg/L		0.5				—		0.5	0.5	0.5
30	硼	mg/L		1.0				—		1[c]、2[d]、3[e]		
31	总铁	mg/L		1.5				—		—	—	—
32	甲醛	mg/L		1.0				—		—	—	—
33	总锰	mg/L		0.3				—		—	—	—

续表

序号	控制项目	单位	《城市污水再生利用 农田灌溉用水水质》（GB 20922—2007）					《再生水水质标准》（SL 368—2006）	《农田灌溉水质标准》（GB 5084—2021）			
			指标类型	纤维作物	旱地谷物、油料作物	水田谷物	露地蔬菜		指标类型	旱地作物	水田作物	蔬菜
34	总铍	mg/L	选择控制项目		0.002			—		—	—	—
35	总钴	mg/L			1.0			—		—	—	—
36	总钼	mg/L			0.5			—		—	—	—
37	总钒	mg/L			0.1			—		—	—	—
38	甲苯	mg/L			—			—	选择控制项目	0.7	0.7	0.7
39	二甲苯	mg/L	—		—			—		0.5	0.5	0.5
40	异丙苯	mg/L			—			—		0.25	0.25	0.25
41	苯胺	mg/L			—			—		0.5	0.5	0.5
42	氯苯	mg/L			—			—		0.3	0.3	0.3
43	1,2-二氯苯	mg/L			—			—		1.0	1.0	1.0
44	1,4-二氯苯	mg/L			—			—		0.4	0.4	0.4
45	硝基苯	mg/L			—			—		2.0	2.0	2.0
46	色度	度			—			30		—	—	—
47	浊度	NTU	—		—			10	—	—	—	—
48	总硬度（以 CaCO₃ 计）	mg/L			—			450		—	—	—
49	总铬	mg/L			—			0.1		—	—	—

注：a. 加工、烹调及去皮蔬菜；b. 生食类蔬菜，瓜类和草本水果；c. 对硼敏感作物，如黄瓜、豆类、马铃薯、笋瓜、韭菜、洋葱、柑橘等；d. 对硼耐受性较强的作物，如小麦、玉米、青椒、小白菜、葱等；e. 对硼耐受性强的作物，如水稻、萝卜、油菜、甘蓝等。

由上可知，水利行业标准《再生水水质标准》(SL 368—2006)的指标值高于国家标准《城市污水再生利用 农田灌溉用水水质》(GB 20922—2007)，而国家标准《城市污水再生利用 农田灌溉用水水质》(GB 20922—2007)的指标值高于国家标准《农田灌溉水质标准》(GB 5084—2021)。因此，再生水用于农业灌溉的国家水质标准、水利行业水质标准均满足农田灌溉水质总体要求，三项标准之间具有很好的一致性。

（4）景观环境用水再生水水质标准比对

将国家标准《城市污水再生利用 景观环境用水水质》(GB/T 18921—2019)和水利行业标准《再生水水质标准》(SL 368—2006)中"再生水利用于景观用水"的指标及指标值进行比对，结果如表 4-6 所示。可以看出，两项标准共有的 8 项指标中，浊度、五日生化需氧量(BOD_5)2 项指标的指标值，水利行业标准高于国家标准；然而，色度、氨氮、总磷、粪大肠菌群数 4 项指标的指标值，水利行业标准低于国家标准，应对其进行修订。

（5）城市杂用水再生水水质标准比对

将国家标准《城市污水再生利用 城市杂用水水质》(GB/T 18920—2020)和水利行业标准《再生水水质标准》(SL 368—2006)中"再生水利用于城市非饮用水"的指标及指标值进行比对，结果如表 4-7 所示。可以看出，两项标准共有的 11 项指标中，色度、浊度、溶解性总固体、阴离子表面活性剂、五日生化需氧量(BOD_5)、氨氮、溶解氧 7 项指标的指标值，水利行业标准低于国家标准，应对其加以修订。

4.2 典型地区再生水利用风险评价

4.2.1 评价指标体系

再生水利用风险的评价需要构建包含多层次、多因子的再生水利用风险等级评价模型，从而定量判断风险程度的高低，是风险管理的基础和依据，对再生水的安全利用与推广有十分重要的意义。

再生水利用风险等级评价模型的主体是评价指标体系。基于独立性、代表性和可行性的原则，确定 3 项一级指标，即基本指标、生态指标、化学指标。根据每一类风险的特点和主要诱因，设置各一级指标对应的二级指标。

表 4-6 景观环境用水再生水水质标准比对（国家标准和水利行业标准）

序号	控制项目	单位	《城市污水再生利用 景观环境用水水质》（GB/T 18921—2019）							《再生水水质标准》（SL 368—2006）				
			观赏性景观环境用水			娱乐性景观环境用水			景观湿地环境用水	观赏性景观环境用水		娱乐性景观环境用水		湿地环境水
			河道类	湖泊类	水景类	河道类	湖泊类	水景类		河道类	湖泊类	河道类	湖泊类	
1	色度	度	20	20	20	20	20	20	20	30	30	30	30	30
2	浊度	NTU	10	5	5	10	5	5	10	5.0	5.0	5.0	5.0	5.0
3	嗅	—	无漂浮物，无令人不愉快的嗅和味							无漂浮物，无令人不快感				
4	pH	—	6.0~9.0	6.0~9.0	6.0~9.0	6.0~9.0	6.0~9.0	6.0~9.0	6.0~9.0	6.0~9.0	6.0~9.0	6.0~9.0	6.0~9.0	6.0~9.0
5	五日生化需氧量（BOD$_5$）	mg/L	10	6	6	10	6	6	10	10	6	6	6	6
6	氨氮（以 N 计）	mg/L	5	3	3	5	3	3	5	5.0	5.0	5.0	5.0	5.0
7	总磷（以 P 计）	mg/L	0.5	0.3	0.3	0.5	0.3	0.3	0.5	1.0	0.5	1.0	0.5	0.5
8	粪大肠菌群数	个/L	1 000	1 000	1 000	1 000	1 000	3	1 000	10 000	2 000	500	500	2 000
9	总氮（以 N 计）	mg/L	15	10	10	15	10	10	15	—	—	—	—	—
10	余氯	mg/L	—	—	—	—	—	0.05~0.1	—	—	—	—	—	—
11	悬浮物（SS）	mg/L	—	—	—	—	—	—	—	20	10	20	10	10
12	溶解氧	mg/L	—	—	—	—	—	—	—	≥1.5	≥1.5	≥2.0	≥2.0	≥2.0
13	石油类	mg/L	—	—	—	—	—	—	—	1.0	1.0	1.0	1.0	1.0
14	阴离子表面活性剂	mg/L	—	—	—	—	—	—	—	0.5	0.5	0.5	0.5	0.5
15	化学需氧量（COD）	mg/L	—	—	—	—	—	—	—	40	30	30	30	30

表 4-7 城市杂用水再生水水质标准比对(国家标准和水利行业标准)

序号	控制项目	单位	《城市污水再生利用 城市杂用水水质》(GB/T 18920—2020)		《再生水水质标准》(SL 368—2006)				
			冲厕、车辆冲洗	城市绿化、道路清扫、消防、建筑施工	冲厕	车辆冲洗	城市绿化	道路清扫、消防	建筑施工
1	色度	度	15(基本控制)	30(基本控制)	30	30	30	30	30
2	浊度	NTU	5(基本控制)	10(基本控制)	5	5	10	10	20
3	嗅	—	无不快感(基本控制)	无不快感(基本控制)	无不快感				
4	pH	—	6.0~9.0(基本控制)	6.0~9.0(基本控制)	6.0~9.0	6.0~9.0	6.0~9.0	6.0~9.0	6.0~9.0
5	溶解性总固体	mg/L	1 000(2 000)[a](基本控制)	1 000(2 000)(基本控制)	1 500	1 000	1 000	1 500	1 500
6	阴离子表面活性剂	mg/L	0.5(基本控制)	0.5(基本控制)	1.0	0.5	1.0	1.0	1.0
7	五日生化需氧量(BOD$_5$)	mg/L	10(基本控制)	10(基本控制)	10	10	20	15	15
8	氨氮(以 N 计)	mg/L	5(基本控制)	8(基本控制)	10	10	20	10	20
9	溶解氧	mg/L	≥2.0(基本控制)	≥2.0(基本控制)	≥1.0	≥1.0	≥1.0	≥1.0	≥1.0
10	总锰	mg/L	0.1(基本控制)	—	0.1	0.1	—	—	—
11	总铁	mg/L	0.3(基本控制)	—	0.3	0.3	—	—	—
12	大肠埃希氏菌	MPN/100 mL	不应检出(基本控制)	不应检出(基本控制)	—	—	—	—	—
13	总氯	mg/L	≥1.0(出厂)、0.2(管网末端)(基本控制)	≥1.0(出厂)、0.2[b](管网末端)(基本控制)	—	—	—	—	—
14	硫酸盐	mg/L	500(选择控制)	—	—	—	—	—	—
15	氯化物	mg/L	350(选择控制)	—	—	—	—	—	—
16	粪大肠菌群数	个/L	—	—	200	200	200	200	200

注:a. 括号内指标值为沿海及当地水源中溶解性固体含量较高的区域的指标;b. 用于城市绿化时,不应超过 2.5 mg/L。

4.2.1.1 基本指标

基本指标包括水量变幅、pH、BOD_5、COD、总氮、总磷等指标(见表 4-8)。其中,pH、BOD_5、COD、总氮、总磷等为常见水质指标,是污水处理必须执行的基本控制项目,需要设置自动计量装置、自动比例采样装置,安装实时在线监测装置,对其进行监测。

表 4-8 再生水利用风险基本指标

评价指标		城市杂用水	工业用水	生态环境用水
基本指标	水量变幅	√	√	√
	pH	√	√	√
	BOD_5	√	√	√
	COD		√	
	总磷		√	√
	总氮			√
	氨氮	√	√	√
	溶解氧	√		
	悬浮物		√	
	溶解性总固体	√	√	√
	浊度	√	√	√
	色度	√	√	√
	嗅	√		√

水量变幅是考虑到再生水供水水量的稳定性对于再生水用水户用水安全的衡量,尤其是工业用水,如果水量无法满足需水要求,可能影响正常的生产。对于再生水供水水量的稳定性问题,应在再生水项目规划和建设阶段,对规划期内再生水的用水需求和设施规模进行合理估计,在建设阶段对施工质量进行严格监督。对于集中式再生水利用系统,在经济和施工条件可行的情况下,优先采用环状再生水管网,提高再生水供水保证率。此外,在再生水设施运行阶段,应制定应急机制,针对水源不足、设备故障等问题,采用备用设备或水源实现再生水的稳定供给,提升对再生水供水保证率的控制水平。

对于化学污染物和病原微生物则通过在二级生物处理阶段延长水力停留时间、增加曝气量、延长污泥龄等手段加强对 COD、BOD_5 和病原微生物的去除能力,在深度处理阶段增加生物膜、化学氧化、消毒等深度处理单元。已有研究表明，在二级处理阶段，长时间曝气（约 $1\sim3$ d）能使 BOD_5 的去除率达 $85\%\sim95\%$，且由于微生物生长控制在内源代谢阶段，排泥量很少，管理方便。对于色度、浊度、嗅等指标，一般通过混凝沉淀、活性炭吸附、过滤等物理手段进行控制。混凝沉淀是利用混凝剂使水中的悬浮颗粒物和胶体物质凝聚形成絮体，然后通过沉淀的方式去除絮体；活性炭吸附是利用活性炭的物理吸附、化学吸附等性能去除水中污染物；过滤是借助粒状材料或者多孔介质使悬浮液中的液体透过，拦截颗粒物或其他杂质，从而使固液分离。在深度处理阶段，根据氧化剂的不同，可将化学氧化工艺大致分为臭氧氧化、臭氧-过氧化氢氧化、紫外-过氧化氢氧化等。根据消毒剂种类的不同，常见的消毒方式包括氯消毒、二氧化氯消毒、紫外线消毒和臭氧消毒。在实际应用中，由于污水成分的复杂性以及回用的用途不同，需根据再生水利用需求对处理工艺进行合理组合，加强化学污染物和病原微生物的去除效果，以有效防止出厂再生水带来的健康风险。此外，应加强对再生水使用和接触人群的健康防护宣传、培训，以防止再生水与人体大量不合理接触，造成健康危害。如针对再生水用于城市杂用时的利用特点，再生水管网与供排水管网易产生交叉和错接，导致误饮风险，建议对再生水管网、设施、取水口增加明显标识，涂上醒目的颜色，并设立"严禁饮用"警告标志。

4.2.1.2　生态指标

生态指标包括余氯、粪大肠菌群数和蛔虫卵数（见表 4-9）。再生水处理过程中可能存在一些致病微生物，如果处理不当，这些微生物将会污染再生水，从而对人体健康造成危害。例如，如果污水处理设备没有运行良好，可能会导致粪大肠杆菌、蛔虫卵等致病菌的生长。

表 4-9　再生水利用风险生态指标

评价指标		城市杂用水	工业用水	生态环境用水
生态指标	余氯	√	√	√
	粪大肠菌群数	√	√	√
	蛔虫卵数			√

余氯是氯消毒水质参数，是指氯投入水中后，除了与水中细菌、微生物、有机物、无机物等作用消耗一部分氯量外，还剩下了一部分氯量。余氯可以有效阻止大肠杆菌的再生长，抑制生物膜的形成，防止偶发性病原菌和微生物的问题。水中留有剩余消毒剂对偶发性微生物控制有重要作用。当污染物进入管网系统，

消耗剩余消毒剂,使得管网中部分管段中剩余消毒剂减少,剩余消毒剂消耗的情况可以作为污染信号。

对于景观环境用水或河湖补水,由于再生水水量有限,利用再生水的景观水体一般流动性较差,易出现因再生水中氮、磷含量较高而产生的富营养化现象,因此在再生水投入使用后应采取强化措施,对水体进行循环过滤,随时去除水中的营养盐及藻类,紧急情况下可投加杀藻剂或定期投加生物制剂等以改善水质。在夏季高温时应采取以下措施:①要求再生水水质能够达标排放。②采用氯消毒时,保证一定的余氯量,以抑制藻类生长,保持水质稳定。余氯包括游离性余氯和化合性余氯。《城市污水再生利用 景观环境用水水质》(GB/T 18921—2019)规定,接触 30 min 后的余氯浓度不应小于 0.05 mg/L。③短河流、湖泊中水体停留时,要不断补充新鲜的水体,从而保持水质的稳定,遏制水体恶化的趋势。考虑到大型水体频繁换水可能带来的经济问题,建议将河道类和湖泊类水体水力停留时间和静止停留时间设为 5 d 和 3 d。

4.2.1.3 化学指标

化学指标包括氯化物、铁、锰、总硬度、总碱度、石油类及重金属等化学物质(见表 4-10)。再生水中可能存在含有有害物质的化学物质,如重金属、有机物等。由于污水中化学物质种类繁多,每种化学物质的毒性各不相同,如果这些物质的浓度超过一定的标准,处理过的再生水也将不能正常使用,对环境和人体健康造成危害。

表 4-10 再生水利用风险化学指标

	评价指标	城市杂用水	工业用水	生态环境用水
	氯化物		√	√
	铁	√	√	
	锰	√	√	
	硫酸盐		√	
化学指标	二氧化硅		√	
	总硬度(以 $CaCO_3$ 计)		√	
	总碱度(以 $CaCO_3$ 计)		√	
	石油类		√	
	阴离子表面活性剂	√	√	√

对于工业回用水的水质问题,以最为常见的利用方式——工业冷却水利用

为例,重点需要考虑的因素有水垢、腐蚀、生物生长、堵塞、泡沫等。因此,在应用中,需加强深度处理,同时控制冷却用水的浓缩倍数,在水质状况未达较优水平时,建议将再生水作为冷却循环的补充水源,而不作为冷却循环的主体水源。此外,还应从设施设备运行管理的层面出发管控风险,再生水设备水平参差不齐,应严格把关设备质量和参数选择,避免不必要的损失;针对生产或利用再生水的相关设备运行建立在线监测和定期养护制度,并对工作人员进行专业培训,保证设备正常运行。

4.2.2 评价标准

评价标准的确定是评价过程中的重要一环。在评价研究中,各个指标的实际值均需与标准值比较才可以标准化或者规格化,只有确定了各单项指标的评价等级标准,才能对各个评价对象进行统一评判。因此评价标准是确定再生水利用风险的重要基础。

评价标准等级划分参考了《城市污水再生利用 城市杂用水水质》(GB/T 18920—2020)、《城市污水再生利用 景观环境用水水质》(GB/T 18921—2019)、《城市污水再生利用 绿地灌溉水质》(GB/T 25499—2010)、《地表水环境质量标准》(GB 3838—2002)地表水Ⅲ类标准、《城镇污水处理厂污染物排放标准》(GB 18918—2002)一级 A 排放标准和江苏省《城镇污水处理厂污染物排放标准》(DB 32/4440—2022)中的相关指标的要求。

按照以下原则划分各个风险等级(见表 4-11～表 4-13)。

表 4-11　再生水城市杂用水风险等级评价指标标准

评价指标		评价标准			
		极低风险	低风险	中风险	高风险
基本指标	水量变幅	≤5%	5%～15%	15%～40%	>40%
	pH	6～9	—	—	<6,>9
	BOD_5(mg/L)	≤4	4～6	6～10	>10
	氨氮(mg/L)	≤1	1～5	5～8	>8
	溶解氧(mg/L)	≥5	4～5	2～4	<2
	溶解性总固体(mg/L)	≤1 000	—	—	>1 000
	浊度(NTU)	≤5	5～10	—	>10
	色度(度)	≤15	15～20	20～30	>30
	嗅	0	0	0	>0

续表

评价指标		评价标准			
		极低风险	低风险	中风险	高风险
生态指标	余氯(mg/L)	≤0.2	0.2~0.5	0.5~1	>1
	粪大肠菌群数(个/L)	0	—	—	>0
化学指标	铁(mg/L)	≤0.3	—	—	>0.3
	锰(mg/L)	≤0.1	—	—	>0.1
	阴离子表面活性剂(mg/L)	≤0.2	0.2~0.3	0.3~0.5	>0.5

表 4-12 再生水工业用水风险等级评价指标标准

评价指标		评价标准			
		极低风险	低风险	中风险	高风险
基本指标	水量变幅	≤5%	5%~15%	15%~40%	>40%
	pH	6.5~8.5	8.5~9	—	<6.5,>9
	BOD_5(mg/L)	≤4	4~10	10~30	>30
	COD(mg/L)	≤20	20~30	30~60	>60
	总磷(mg/L)	≤0.2	0.2~0.3	0.3~1	>1
	氨氮(mg/L)	≤1	1~1.5	1.5~10	>10
	悬浮物(mg/L)	≤10	10~20	20~30	>30
	溶解性总固体(mg/L)	≤1 000	—	—	>1 000
	浊度(NTU)	≤5	—	—	>5
	色度(度)	≤30	—	—	>30
生态指标	余氯(mg/L)	≤0.05	—	—	>0.05
	粪大肠菌群数(个/L)	≤1 000	1 000~1 500	1 500~2 000	>2 000
化学指标	氯化物(mg/L)	≤250	—	—	>250
	铁(mg/L)	≤0.3	—	—	>0.3
	锰(mg/L)	≤0.1	—	—	>0.1
	硫酸盐(mg/L)	≤250	250~600	—	>600
	二氧化硅(mg/L)	≤30	30~35	35~50	>50
	总硬度(以 $CaCO_3$ 计)(mg/L)	≤450	—	—	>450
	总碱度(以 $CaCO_3$ 计)(mg/L)	≤350	—	—	>350
	石油类(mg/L)	≤0.05	0.05~0.5	0.5~1	>1
	阴离子表面活性剂(mg/L)	≤0.2	0.2~0.3	0.3~0.5	>0.5

表 4-13　再生水景观环境用水风险等级评价指标标准

评价指标		评价标准			
		极低风险	低风险	中风险	高风险
基本指标	水量变幅	≤5%	5%~15%	15%~40%	>40%
	pH	6~9	—	—	<6,>9
	BOD_5(mg/L)	≤4	4~6	6~20	>20
	总磷(mg/L)	≤0.2	0.2~0.3	0.3~0.5	>0.5
	总氮(mg/L)	≤1	1~10	10~15	>15
	氨氮(mg/L)	≤1	1~3	3~20	>20
	溶解性总固体(mg/L)	≤800	800~900	900~1 000	>1 000
	浊度(NTU)	≤4	4~5	5~10	>10
	色度(度)	≤20	20~30	—	>30
	嗅	0	—	—	>0
生态指标	余氯(mg/L)	≤0.05	0.05~0.1	0.1~0.5	>0.5
	粪大肠菌群数(个/L)	≤3	3~200	200~1 000	>1 000
	蛔虫卵数(个/L)	≤1	1~2	—	>2
化学指标	氯化物(mg/L)	≤250	—	—	>250
	阴离子表面活性剂(mg/L)	≤0.2	0.2~0.5	0.5~1	>1

极低风险。极低风险标准以达到或优于《地表水环境质量标准》(GB 3838—2002)地表水Ⅲ类标准为准,同时对比《城市污水再生利用》系列标准的再生水水质要求,如再生水利用标准高于地表水Ⅲ类标准,则以更高的标准为准。

低风险。低风险标准以《城市污水再生利用》系列标准中满足再生水回用要求较高的领域的水质要求为准,同时参考《城镇污水处理厂污染物排放标准》(GB 18918—2002)的国家标准一级 A 要求和江苏省地方标准 A 标准要求,如排放标准高于再生水利用标准时,则以更高标准为准。当水质处于低风险时,可以在该领域回用。

中风险。中风险标准以《城市污水再生利用》系列标准中满足再生水回用要求较低的领域的水质要求为准。当出现中风险时,说明再生水可以安全用于部分领域,但在一些领域运用时,可能出现风险。

高风险。高风险标准以《城市污水再生利用》系列标准中指标限额为准,超过再生水利用指标则视为高风险。

4.2.3　指标权重

再生水开发利用风险的定量识别基于风险等级评价指标体系。首先参考标准值对各项指标值进行定量分析,确定单项指标对应的风险大小;在此基础上,对不同指标赋予不同的权重,将单项评价结果进行集成,得到再生水利用的综合风险等级评价结果。目前,常用的方法包括模糊综合评价法、投影寻踪法等。

用多项指标进行综合评价时,从评价的目标来看,各个指标对评价对象的作用并非同等重要。为了体现各个指标在评价指标体系中的作用、地位以及重要程度,在指标体系确定后,必须对各指标赋予不同的权重系数。权重是以某种数量形式对比、权衡被评价事物总体中诸因素相对重要程度的量值。同一组指标值,不同的权重系数,会导致截然不同甚至相反的评价结论。因此,合理确定权重对评价和决策有着重要意义。

层次分析法(The Analytic Hierarchy Process,AHP)是目前应用最为广泛的确定指标权重的数学分析方法之一。它将决策问题的有关元素分解成目标、准则、方案等层次,由专家或决策者对所列指标通过重要程度两两比较逐层进行判断评分,利用计算判断矩阵的特征向量确定下层指标对上层指标的贡献程度或权重,从而得到最基层指标对于总体目标的重要性权重排序。在本次研究中,针对已建立的三层次评价指标体系,应用层次分析法确定权重,具体步骤如下。

(1) 构造层次分析结构

根据问题的性质和要达到的总目标,将问题分解为不同组成因素,并按照因素间的相互关联影响以及隶属关系将因素按不同层次聚集组合,形成一个多层次的分析结构模型。本书再生水利用风险等级评价中,图4.1所示即为所要建立的层次结构模型。

(2) 构造判断矩阵

在建立层次分析模型后,在各层元素中进行两两比较,采用1—9标度法(见表4-14)构造出比较判断矩阵。判断矩阵表示针对上一层次因素,本层次与之有关因素之间相对重要性的比较。判断矩阵是层次分析法的基本信息,也是进行相对重要度计算的重要依据。

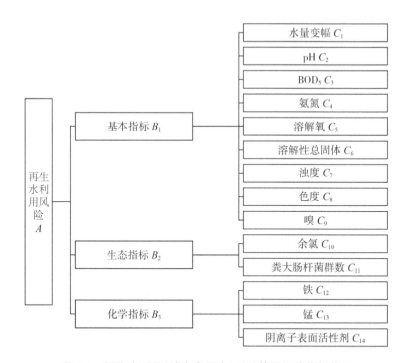

图 4.1　再生水利用(城市杂用水)风险等级评价指标体系

表 4-14　1—9 标度法

重要性等级	赋值
i,j 两元素同等重要	1
i 元素比 j 元素稍重要	3
i 元素比 j 元素明显重要	5
i 元素比 j 元素强烈重要	7
i 元素比 j 元素极端重要	9
上述两相邻判断的中值	2,4,6,8
i 元素与 j 元素比较结果的反值	倒数

以城市杂用水为例,见图 4.1、表 4-15～表 4-18。

表 4-15　判断矩阵 $A-B$

A	B_1	B_2	B_3
B_1	1	3	3
B_2	1/3	1	1

续表

A	B_1	B_2	B_3
B_3	1/3	1	1

表 4-16 判断矩阵 $B_1 - C$

B_1	C_1	C_2	C_3	C_4	C_5	C_6	C_7	C_8	C_9
C_1	1	1/2	1/2	1/2	1	1	2	2	2
C_2	2	1	1	1	2	2	3	3	3
C_3	2	1	1	1	2	2	3	3	3
C_4	2	1	1	1	2	2	3	3	3
C_5	1	1/2	1/2	1/2	1	1	2	2	2
C_6	1	1/2	1/2	1/2	1	1	2	2	2
C_7	1/2	1/3	1/3	1/3	1/2	1/2	1	1	1
C_8	1/2	1/3	1/3	1/3	1/2	1/2	1	1	1
C_9	1/2	1/3	1/3	1/3	1/2	1/2	1	1	1

表 4-17 判断矩阵 $B_2 - C$

B_2	C_{10}	C_{11}
C_{10}	1	1
C_{11}	1	1

表 4-18 判断矩阵 $B_3 - C$

B_3	C_{12}	C_{13}	C_{14}
C_{12}	1	1	2
C_{13}	1	1	2
C_{14}	1/2	1/2	1

（3）层次单排序及一致性检验

层次单排序是指根据判断矩阵计算对于上一层某元素而言本层次与之有联系的元素重要性次序的权值。步骤如下。

① 计算判断矩阵每一行元素的乘积 M_i：

$$M_i = \prod_{j=1}^{n} a_{ij}, i = 1, 2, \cdots, n$$

② 计算 M_i 的 n 次方根 $\overline{W}_i$：

$$\overline{W}_i = \sqrt[n]{M_i}$$

③ 对向量 $\overline{\boldsymbol{W}} = [\overline{W}_1, \overline{W}_2, \cdots, \overline{W}_n]^{\mathrm{T}}$ 正规化：

$$W_i = \frac{\overline{W}_i}{\sum\limits_{j=1}^{n} \overline{W}_i}$$

则 $\overline{\boldsymbol{W}} = [\overline{W}_1, \overline{W}_2, \cdots, \overline{W}_n]^{\mathrm{T}}$ 即为所求的权系数。

判断矩阵的一致性是指专家在判断指标重要性时，各判断之间协调一致，不致出现相矛盾的结果。通过两两比较得到的判断矩阵，不一定满足矩阵的一致性条件，这就要求进行一致性检验。首先，计算判断矩阵 $\boldsymbol{A}$ 的最大特征值 $\lambda_{\max}$：

$$\lambda_{\max} = \sum_{i=1}^{n} \frac{(AW)_i}{nW_i}$$

式中，$(AW)_i$ 表示向量 $\boldsymbol{AW}$ 的第 i 个元素。

然后计算判断矩阵的一致性指标 CI：

$$CI = \frac{\lambda_{\max} - n}{n - 1}$$

最后计算随机一致性比率 CR：

$$CR = \frac{CI}{RI}$$

式中，RI 为平均随机一致性指标。对于 1—9 阶判断矩阵，RI 的值如表 4-19 所示。

表 4-19 RI 取值表

阶数	1	2	3	4	5	6	7	8	9
RI	0.00	0.00	0.58	0.90	1.12	1.24	1.32	1.41	1.46

当 $CR < 0.1$ 时，即认为判断矩阵具有满意的一致性，否则就需要调整判断矩阵，使之具有满意的一致性。

依据上述方法，各判断矩阵计算结果如下。

对于判断矩阵 $\boldsymbol{A}$：

$$\boldsymbol{W} = \begin{bmatrix} 0.6 \\ 0.2 \\ 0.2 \end{bmatrix}, CI = -0.003\ 341, RI = 0.52, CR = -0.006\ 425$$

对于判断矩阵 B_1：

$$\boldsymbol{W} = \begin{bmatrix} 0.099 \\ 0.180 \\ 0.180 \\ 0.180 \\ 0.099 \\ 0.099 \\ 0.054 \\ 0.054 \\ 0.054 \end{bmatrix}, CI = 0.002\ 073, RI = 1.46, CR = 0.001\ 42$$

对于判断矩阵 B_2：

$$\boldsymbol{W} = \begin{bmatrix} 0.500 \\ 0.500 \end{bmatrix}, CI = 0$$

对于判断矩阵 B_3：

$$\boldsymbol{W} = \begin{bmatrix} 0.4 \\ 0.4 \\ 0.2 \end{bmatrix}, CI = -0.190\ 983, RI = 0.52, CR = -0.367\ 275$$

(4) 层次总排序

依次沿递阶层次结构由上而下逐层计算，即可计算出最低层因素相对于最高层的相对重要性排序值，即权重系数。

结合计算权重系数，并通过咨询相关专家意见，得到以下再生水回用指标权重（见表 4-20～表 4-22）。

表 4-20　城市杂用水指标权重

标准	权重	指标	总权重
基本指标	0.60	水量变幅	0.06
		pH	0.10

标准	权重	指标	总权重
基本指标	0.60	BOD_5	0.10
		氨氮	0.10
		溶解氧	0.06
		溶解性总固体	0.06
		浊度	0.04
		色度	0.04
		嗅	0.04
生态指标	0.20	余氯	0.10
		粪大肠菌群数	0.10
化学指标	0.20	铁	0.08
		锰	0.08
		阴离子表面活性剂	0.04

表 4-21　工业用水指标权重

标准	权重	指标	总权重
基本指标	0.43	水量变幅	0.08
		pH	0.05
		BOD_5	0.05
		COD	0.05
		总磷	0.05
		氨氮	0.05
		悬浮物	0.03
		溶解性总固体	0.03
		浊度	0.02
		色度	0.02
生态指标	0.14	余氯	0.07
		粪大肠菌群数	0.07
化学指标	0.43	氯化物	0.06
		铁	0.06
		锰	0.06
		硫酸盐	0.06
		二氧化硅	0.03

续表

标准	权重	指标	总权重
化学指标	0.43	总硬度(以 $CaCO_3$ 计)	0.06
		总碱度(以 $CaCO_3$ 计)	0.06
		石油类	0.02
		阴离子表面活性剂	0.02

表 4-22　生态环境用水指标权重

标准	权重	指标	总权重
基本指标	0.64	水量变幅	0.05
		pH	0.08
		BOD_5	0.08
		总磷	0.08
		总氮	0.08
		氨氮	0.05
		溶解性总固体	0.05
		浊度	0.08
		色度	0.08
		嗅	0.08
生态指标	0.26	余氯	0.07
		粪大肠菌群数	0.06
		蛔虫卵数	0.06
化学指标	0.11	氯化物	0.05
		阴离子表面活性剂	0.05

4.2.4　评价方法

综合评价目的是要求对被评价对象的整体性做出一个综合评价。在综合评价过程中,必须解决多指标的可综合性问题。在确定指标权重之后,还需采用一定的数学方法对拥有不同权重的各因素指标评价值加以综合,形成一个新的综合评价指标。目前,层次分析、模糊综合评判、数据包络分析、人工神经网络等是应用较为广泛的评价方法,本次研究以评价方法的科学性和实用性为原则,将层次分析法与模糊综合评判法有机结合,对三层次评价指标体系,运用层次分析法确定各指标权重,然后进行模糊综合评判,最后综合出总的评价结果。

模糊综合评判法是以模糊数学为基础,应用模糊关系合成的原理,将一些边界不清、不易定量的因素定量化,从多个因素着眼对评判事物隶属等级状况进行综合评价的一种方法。模糊综合评判模型构建步骤如下。

① 确定评价对象的因素集 $U = (u_1, u_2, \cdots, u_m)$。对于本次研究,$U$ 即为评价指标集,包括 pH、BOD_5、COD、总磷、总氮、粪大肠菌群数、氯化物、阴离子表面活性剂等指标。

② 确定综合评价的评价集 $V = (v_1, v_2, \cdots, v_n)$。与标准等级划分相对应,评语等级划分为四级。

③ 进行单因素评价,建立模糊关系矩阵 $\boldsymbol{R}$:

$$\boldsymbol{R} = (r_{ij})_{m \times n} = \begin{bmatrix} r_{11} & r_{12} & \cdots & r_{1n} \\ r_{21} & r_{22} & \cdots & r_{2n} \\ & & \cdots & \\ r_{m1} & r_{m2} & \cdots & r_{mn} \end{bmatrix} \quad i = 1, 2, \cdots, m; \ j = 1, 2, \cdots, n$$

式中,r_{ij} 表示从因素 u_i 着眼,评价对象能被评为 v_i 的隶属度,即 r_{ij} 表示第 i 个因素 u_i 在第 j 个评语 v_j 上的频率分布,一般将其归一化,使之满足 $\sum r_{ij} = 1$。

④ 确定评价因素权向量 $\boldsymbol{A} = (a_1, a_2, \cdots, a_m)$,本次研究采用层次分析法确定权向量。

$\boldsymbol{A}_{杂用} = (0.06, 0.10, 0.10, 0.10, 0.06, 0.06, 0.04, 0.04, 0.04, 0.10, 0.10, 0.08, 0.08, 0.04)$

$\boldsymbol{A}_{工业} = (0.08, 0.05, 0.05, 0.05, 0.05, 0.05, 0.03, 0.03, 0.02, 0.02, 0.07, 0.07, 0.06, 0.06, 0.06, 0.06, 0.03, 0.06, 0.06, 0.02, 0.02)$

$\boldsymbol{A}_{生态} = (0.05, 0.08, 0.08, 0.08, 0.08, 0.05, 0.05, 0.08, 0.08, 0.08, 0.07, 0.06, 0.06, 0.05, 0.05)$

R 中不同的行反映了某个被评价事物从不同的单因素来看,对各等级模糊子集的隶属程度。用模糊权向量 $\boldsymbol{A}$ 将不同的行进行综合,就可得到该被评事物从总体上来看,对各等级模糊子集的隶属程度,即模糊综合评价结果向量。由于模糊综合评判计算结果以模糊向量形式体现,不能直接用于决策,因此需要对结果向量进行进一步分析处理。通常采用最大隶属度原则进行处理得到评判结果,此外还有加权平均、模糊向量单值化等方法。

4.2.5 实例分析

按照模糊综合评判法计算步骤,利用收集的南京市 3 个污水处理厂 2022 年 9 月至 2023 年 8 月共 12 个月的出水水质数据,在城市杂用水、工业用水和生态环境用水三大领域进行再生水利用风险分析。

4.2.5.1 城市杂用水单指标风险分析

对于城市杂用水,污水处理厂 A 的水量变幅和 pH 指标在极低风险和低风险等级间波动,其余指标均稳定在极低风险。污水处理厂 B 的水量变幅出现过较大波动,造成了中风险的出现;pH 在极低风险和低风险等级中波动。污水处理厂 C 的水量变幅较大,造成了中风险的出现(见表 4-23)。

表 4-23　城市杂用水风险等级评价特征表

评价指标		污水处理厂 A				污水处理厂 B				污水处理厂 C			
		极低风险	低风险	中风险	高风险	极低风险	低风险	中风险	高风险	极低风险	低风险	中风险	高风险
基本指标	水量变幅	0.75	0.25	0.00	0.00	0.50	0.42	0.08	0.00	0.08	0.50	0.42	0.00
	pH	1.00	0.00	0.00	0.00	1.00	0.00	0.00	0.00	1.00	0.00	0.00	0.00
	BOD$_5$	1.00	0.00	0.00	0.00	1.00	0.00	0.00	0.00	1.00	0.00	0.00	0.00
	氨氮	1.00	0.00	0.00	0.00	1.00	0.00	0.00	0.00	1.00	0.00	0.00	0.00
	溶解氧	0.00	1.00	0.00	0.00	0.00	1.00	0.00	0.00	0.00	1.00	0.00	0.00
	溶解性总固体	1.00	0.00	0.00	0.00	1.00	0.00	0.00	0.00	1.00	0.00	0.00	0.00
	浊度	1.00	0.00	0.00	0.00	1.00	0.00	0.00	0.00	1.00	0.00	0.00	0.00
	色度	1.00	0.00	0.00	0.00	1.00	0.00	0.00	0.00	1.00	0.00	0.00	0.00
	嗅	1.00	0.00	0.00	0.00	1.00	0.00	0.00	0.00	1.00	0.00	0.00	0.00
生态指标	余氯	0.00	1.00	0.00	0.00	0.00	1.00	0.00	0.00	0.00	1.00	0.00	0.00
	粪大肠菌群数	1.00	0.00	0.00	0.00	1.00	0.00	0.00	0.00	1.00	0.00	0.00	0.00
化学指标	铁	1.00	0.00	0.00	0.00	1.00	0.00	0.00	0.00	1.00	0.00	0.00	0.00
	锰	1.00	0.00	0.00	0.00	1.00	0.00	0.00	0.00	1.00	0.00	0.00	0.00
	阴离子表面活性剂	1.00	0.00	0.00	0.00	1.00	0.00	0.00	0.00	1.00	0.00	0.00	0.00

4.2.5.2 工业用水单指标风险分析

对于工业用水,污水处理厂 A 的水量变幅在极低风险和低风险等级间波动,COD 指标出现中风险,其余指标均稳定在极低风险。污水处理厂 B 的水量变幅和 COD 指标出现了中风险。污水处理厂 C 的水量变幅较大,造成中风险的出现;COD 指标在极低风险和低风险等级间波动(见表 4-24)。

表 4-24 工业用水风险等级评价特征表

评价指标		污水处理厂 A				污水处理厂 B				污水处理厂 C			
		极低风险	低风险	中风险	高风险	极低风险	低风险	中风险	高风险	极低风险	低风险	中风险	高风险
基本指标	水量变幅	0.75	0.25	0.00	0.00	0.50	0.42	0.08	0.00	0.08	0.50	0.42	0.00
	pH	1.00	0.00	0.00	0.00	1.00	0.00	0.00	0.00	1.00	0.00	0.00	0.00
	BOD_5	1.00	0.00	0.00	0.00	1.00	0.00	0.00	0.00	1.00	0.00	0.00	0.00
	COD	0.17	0.75	0.08	0.00	0.33	0.50	0.17	0.00	0.50	0.50	0.00	0.00
	总磷	0.83	0.17	0.00	0.00	1.00	0.00	0.00	0.00	1.00	0.00	0.00	0.00
	氨氮	1.00	0.00	0.00	0.00	1.00	0.00	0.00	0.00	1.00	0.00	0.00	0.00
	悬浮物	1.00	0.00	0.00	0.00	1.00	0.00	0.00	0.00	1.00	0.00	0.00	0.00
	溶解性总固体	1.00	0.00	0.00	0.00	1.00	0.00	0.00	0.00	1.00	0.00	0.00	0.00
	浊度	1.00	0.00	0.00	0.00	1.00	0.00	0.00	0.00	1.00	0.00	0.00	0.00
	色度	1.00	0.00	0.00	0.00	1.00	0.00	0.00	0.00	1.00	0.00	0.00	0.00
生态指标	余氯	0.00	1.00	0.00	0.00	0.00	1.00	0.00	0.00	0.00	1.00	0.00	0.00
	粪大肠菌群数	1.00	0.00	0.00	0.00	1.00	0.00	0.00	0.00	1.00	0.00	0.00	0.00
化学指标	氯化物	1.00	0.00	0.00	0.00	1.00	0.00	0.00	0.00	1.00	0.00	0.00	0.00
	铁	1.00	0.00	0.00	0.00	1.00	0.00	0.00	0.00	1.00	0.00	0.00	0.00
	锰	1.00	0.00	0.00	0.00	1.00	0.00	0.00	0.00	1.00	0.00	0.00	0.00
	硫酸盐	1.00	0.00	0.00	0.00	1.00	0.00	0.00	0.00	1.00	0.00	0.00	0.00
	二氧化硅	0.00	1.00	0.00	0.00	0.00	1.00	0.00	0.00	0.00	1.00	0.00	0.00
	总硬度(以 $CaCO_3$ 计)	1.00	0.00	0.00	0.00	1.00	0.00	0.00	0.00	1.00	0.00	0.00	0.00
	总碱度(以 $CaCO_3$ 计)	1.00	0.00	0.00	0.00	1.00	0.00	0.00	0.00	1.00	0.00	0.00	0.00
	石油类	0.00	1.00	0.00	0.00	0.00	1.00	0.00	0.00	0.00	1.00	0.00	0.00
	阴离子表面活性剂	1.00	0.00	0.00	0.00	1.00	0.00	0.00	0.00	1.00	0.00	0.00	0.00

4.2.5.3 景观环境用水单指标风险分析

对于景观环境用水,污水处理厂 A 的水量变幅和总磷指标在极低风险和低风险等级间波动,其余指标均稳定在极低风险和低风险。污水处理厂 B 和污水处理厂 C 的水量变幅均出现了中风险(见表 4-25)。

表 4-25 景观环境用水风险等级评价特征表

评价指标		污水处理厂 A				污水处理厂 B				污水处理厂 C			
		极低风险	低风险	中风险	高风险	极低风险	低风险	中风险	高风险	极低风险	低风险	中风险	高风险
基本指标	水量变幅	0.75	0.25	0.00	0.00	0.50	0.42	0.08	0.00	0.08	0.50	0.42	0.00
	pH	1.00	0.00	0.00	0.00	1.00	0.00	0.00	0.00	1.00	0.00	0.00	0.00
	BOD$_5$	1.00	0.00	0.00	0.00	1.00	0.00	0.00	0.00	1.00	0.00	0.00	0.00
	总磷	0.83	0.17	0.00	0.00	1.00	0.00	0.00	0.00	1.00	0.00	0.00	0.00
	总氮	1.00	0.00	0.00	0.00	1.00	0.00	0.00	0.00	1.00	0.00	0.00	0.00
	氨氮	1.00	0.00	0.00	0.00	1.00	0.00	0.00	0.00	1.00	0.00	0.00	0.00
	溶解性总固体	1.00	0.00	0.00	0.00	1.00	0.00	0.00	0.00	1.00	0.00	0.00	0.00
	浊度	1.00	0.00	0.00	0.00	1.00	0.00	0.00	0.00	1.00	0.00	0.00	0.00
	色度	1.00	0.00	0.00	0.00	1.00	0.00	0.00	0.00	1.00	0.00	0.00	0.00
	嗅	1.00	0.00	0.00	0.00	1.00	0.00	0.00	0.00	1.00	0.00	0.00	0.00
生态指标	余氯	0.00	1.00	0.00	0.00	0.00	1.00	0.00	0.00	0.00	1.00	0.00	0.00
	类大肠菌群数	1.00	0.00	0.00	0.00	1.00	0.00	0.00	0.00	1.00	0.00	0.00	0.00
	蛔虫卵数	1.00	0.00	0.00	0.00	1.00	0.00	0.00	0.00	1.00	0.00	0.00	0.00
化学指标	氯化物	1.00	0.00	0.00	0.00	1.00	0.00	0.00	0.00	1.00	0.00	0.00	0.00
	阴离子表面活性剂	1.00	0.00	0.00	0.00	1.00	0.00	0.00	0.00	1.00	0.00	0.00	0.00

4.2.5.4 风险等级评价结果

从评价结果可以看出,3 座污水处理厂的风险等级评价均为极低风险。从评价过程来看,因水量变幅的影响,污水处理厂 A、B 和 C 在评估过程中均出现了中风险,主要是 COD、总磷等指标波动造成的(见表 4-26)。

表 4-26 再生水利用风险等级评价结果

名称		标准等级				评价结果
		极低风险	低风险	中风险	高风险	
城市杂用水	污水处理厂 A	0.825	0.175	0.000	0.000	极低风险
	污水处理厂 B	0.810	0.186	0.004	0.000	极低风险
	污水处理厂 C	0.904	0.096	0.000	0.000	极低风险
工业用水	污水处理厂 A	0.810	0.185	0.005	0.000	极低风险
	污水处理厂 B	0.807	0.179	0.015	0.000	极低风险
	污水处理厂 C	0.905	0.091	0.004	0.000	极低风险

名称		标准等级				评价结果
		极低风险	低风险	中风险	高风险	
景观环境用水	污水处理厂 A	0.785	0.190	0.025	0.000	极低风险
	污水处理厂 B	0.781	0.185	0.034	0.000	极低风险
	污水处理厂 C	0.884	0.095	0.021	0.000	极低风险

5

再生水利用面临形势与要求

5.1 面临形势

(1) 党中央高度重视,具备政策法规支撑

党的十八大以来,习近平总书记多次强调大力发展循环经济,对再生水等非常规水资源化利用做出重要指示批示。在"3·14"重要讲话中,强调节水即治污。在十八届五中全会上强调,全面节约和高效利用资源,树立节约集约循环利用的资源观。在中央政治局第六次集体学习时强调,要大力节约集约利用资源,推动资源利用方式根本转变,加强全过程节约管理,大幅降低能源、水、土地消耗强度,大力发展循环经济,促进生产、流通、消费过程的减量化、再利用、资源化。在党的十九大报告中强调,推进资源全面节约和循环利用,实施国家节水行动,降低能耗、物耗,实现生产系统和生活系统循环链接。在推进南水北调后续工程高质量发展座谈会上强调,重视节水治污,坚持先节水后调水、先治污后通水、先环保后用水。在第十八届中央政治局第四十一次集体学习时强调,发展节水型产业,推动各种废弃物和垃圾集中处理和资源化利用。在党的二十大报告中强调,实施全面节约战略,推进各类资源节约集约利用,加快构建废弃物循环利用体系。党中央、国务院关于加快推进生态文明建设的系列文件中对开发利用再生水、矿井水、海水等非常规水源做出了顶层制度安排。2024 年 3 月公布的《节约用水条例》要求县级以上地方人民政府要将非常规水纳入水资源统一配置,水资源短缺地区制订非常规水利用计划,统筹规划、建设污水资源化利用基础设施等。

(2) 社会高度关注,具备广泛民意共识

近年来,非常规水利用逐渐成为社会关注的热点,新华社、人民日报、央视总台高度聚焦再生水开发利用进展及典型案例。近年来,全国两会持续关注非常规水利用,内容主要涉及加大沿黄省份再生水回用力度、加快中水回用立法、大力推进城市中水回用、实施再生水回用战略、将海水淡化作为新水源纳入国家水网工程、加强黄河中游煤炭基地非常规水资源利用等。

(3) 利用效益巨大,具备大规模开发潜力

我国再生水利用量逐年增加,在保障缺水地区用水安全、复苏河湖生态环境等方面成效明显,但与新加坡等再生水利用率较高的国家相比,仍有巨大提升空间。根据《2022 年城乡建设统计年鉴》,2022 年我国污水处理总量为 738 亿 m³,

若按 80％的利用率计算，并扣除已利用量 176 亿 m^3 后，我国再生水利用剩余潜力为 414 亿 m^3，与南水北调工程规划调水规模 448 亿 m^3 相当。

综上所述，加强非常规水开发利用有助于增加水资源、保护水生态、改善水环境、降低碳排放、推动区域经济社会高质量发展，这既是深入贯彻习近平总书记"节水优先、空间均衡、系统治理、两手发力"治水思路和关于治水重要论述精神的政治要求，也是落实党中央、国务院关于推进污水资源化利用、实现绿色低碳发展的内在要求。

5.2 管理要求

5.2.1 部门分工

非常规水开发利用工作涉及多个部门。根据"三定"职责，再生水主要涉及住房城乡建设部、国家发展改革委、水利部、生态环境部（见图 5.1）；集蓄雨水主要涉及住房城乡建设部、水利部、农业农村部；海水及海水淡化水主要涉及自然资源部、国家发展改革委、水利部；微咸水主要涉及农业农村部、水利部；矿坑（井）水主要涉及国家发展改革委（国家能源局）、工业和信息化部、生态环境部、水利部。

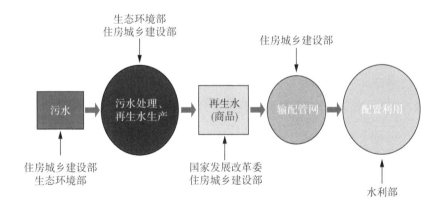

图 5.1 再生水生产、输送、利用等各环节涉及部门

（1）水利部

水利部具有"负责保障水资源的合理开发利用"，"实施水资源的统一监督管理"职责。水资源管理司具有"组织实施流域区域取用水总量控制"，"组织实施取水许可、水资源论证等制度"职责。全国节约用水办公室具有"指导城市污水处理回用等非常规水源开发利用工作"职责。

(2) 国家发展改革委(国家能源局)

资源节约和环境保护司具有"拟订并协调实施能源资源节约和综合利用、循环经济政策规划"职责。国家能源局具有"负责能源行业节能和资源综合利用"职责。

(3) 工业和信息化部

节能与综合利用司负责"拟订并组织实施工业、通信业的能源节约和资源综合利用、清洁生产促进政策,参与拟订能源节约和资源综合利用、清洁生产促进规划和污染控制政策"。

(4) 自然资源部

自然资源部具有"履行全民所有土地、矿产、森林、草原、湿地、水、海洋等自然资源资产所有者职责和所有国土空间用途管制职责"。矿产资源保护监督司负责"监督指导矿产资源合理利用和保护"。海洋战略规划与经济司承担"推动海水淡化与综合利用、海洋可再生能源等海洋新兴产业发展工作"。

(5) 生态环境部

生态环境部具有"统一行使生态和城乡各类污染排放监管与行政执法职责,切实履行监管责任,全面落实大气、水、土壤污染防治行动计划"职责。水生态环境司负责"全国地表水生态环境监管工作,拟订和监督实施国家重点流域生态环境规划,建立和组织实施跨省(国)界水体断面水质考核制度,监督管理饮用水水源地生态环境保护工作,指导入河排污口设置"。

(6) 住房城乡建设部

城市建设司具有"指导城市供水、节水、燃气、热力、市政设施、园林、市容环境治理、城建监察等工作;指导城镇污水处理设施和管网配套建设"职责。

5.2.2 政策法规

国家对非常规水源利用高度重视,《中华人民共和国水法》《中华人民共和国黄河保护法》《中华人民共和国水污染防治法》《中华人民共和国循环经济促进法》《中华人民共和国清洁生产促进法》《节约用水条例》《城镇排水与污水处理条例》等法律法规均对非常规水源利用做出了相关要求(见表 5-1)。

表 5-1　非常规水源相关政策法规

年份	政策法规名称	发布单位
2012 年	《中华人民共和国清洁生产促进法》	全国人民代表大会常务委员会

年份	政策法规名称	发布单位
2013 年	《城镇排水与污水处理条例》	国务院
2015 年	《关于加快推进生态文明建设的意见》	中共中央、国务院
	《水污染防治行动计划》	国务院
	《资源综合利用产品和劳务增值税优惠目录》	财政部、国家税务总局
2016 年	《中华人民共和国水法》	全国人民代表大会常务委员会
	《全国海水利用"十三五"规划》	国家发展改革委、原国家海洋局
	《全民节水行动计划》	国家发展改革委、水利部、住房城乡建设部、原农业部、工业和信息化部、科技部、教育部、国家质检总局、国家机关事务管理局
	《水资源税改革试点暂行办法》	财政部、国家税务总局、水利部
	《关于进一步鼓励和引导民间资本进入城市供水、燃气、供热、污水和垃圾处理行业的意见》	住房城乡建设部、国家发展改革委、财政部、原国土资源部、中国人民银行
2017 年	《中华人民共和国水污染防治法》	全国人民代表大会常务委员会
	《关于非常规水源纳入水资源统一配置的指导意见》	水利部
	《全国国土规划纲要(2016—2030 年)》	国务院
	《节水型社会建设"十三五"规划》	国家发展改革委、水利部、住房城乡建设部
2018 年	《中华人民共和国循环经济促进法》	全国人民代表大会常务委员会
2019 年	《国家节水行动方案》	国家发展改革委、水利部
2021 年	《黄河流域生态保护和高质量发展规划纲要》	中共中央、国务院
	《关于深入打好污染防治攻坚战的意见》	中共中央、国务院
	《关于推动城乡建设绿色发展的意见》	中共中央办公厅、国务院办公厅
	《"十四五"节水型社会建设规划》	国家发展改革委、水利部、住房城乡建设部、工业和信息化部、农业农村部
	《关于推进污水资源化利用的指导意见》	国家发展改革委、科技部、工业和信息化部、财政部、自然资源部、生态环境部、住房城乡建设部、水利部、农业农村部、市场监管总局
	《关于印发黄河流域水资源节约集约利用实施方案的通知》	国家发展改革委、水利部、住房城乡建设部、工业和信息化部、农业农村部
	《海水淡化利用发展行动计划(2021—2025 年)》	国家发展改革委、自然资源部
	《关于做好"十四五"园区循环化改造工作有关事项的通知》	国家发展改革委办公厅、工业和信息化部办公厅

续表

年份	政策法规名称	发布单位
2021 年	《典型地区再生水利用配置试点方案》	水利部、国家发展改革委、住房城乡建设部、工业和信息化部、自然资源部、生态环境部
2022 年	《中华人民共和国黄河保护法》	全国人民代表大会常务委员会
	《关于印发"十四五"用水总量和强度双控目标的通知》	水利部、国家发展改革委
	《减污降碳协同增效实施方案》	生态环境部、国家发展改革委、工业和信息化部、住房城乡建设部、交通运输部、农业农村部、国家能源局
	《工业水效提升行动计划》	工业和信息化部、水利部、国家发展改革委、财政部、住房城乡建设部、市场监管总局
	《关于公布典型地区再生水利用配置试点城市名单的通知》	水利部、国家发展改革委、住房城乡建设部、工业和信息化部、自然资源部、生态环境部
	《黄河生态保护治理攻坚战行动方案》	生态环境部、最高人民法院、最高人民检察院、国家发展改革委、工业和信息化部、公安部、自然资源部、住房城乡建设部、水利部、农业农村部、中国气象局、国家林草局
	《深入打好长江保护修复攻坚战行动方案》	生态环境部、国家发展改革委、最高人民法院、最高人民检察院、科技部、工业和信息化部、公安部、财政部、人力资源社会保障部、自然资源部、住房城乡建设部、交通运输部、水利部、农业农村部、应急管理部、国家林草局、国家矿山安监局
	《关于深入推进黄河流域工业绿色发展的指导意见》	工业和信息化部、国家发展改革委、住房城乡建设部、水利部
	《关于加快推进城镇环境基础设施建设的指导意见》	国家发展改革委、生态环境部、住房城乡建设部、国家卫生健康委
	《"十四五"黄河流域生态保护和高质量发展城乡建设行动方案》	住房城乡建设部
	《中央财政关于推动黄河流域生态保护和高质量发展的财税支持方案》	财政部
2023 年	《关于加强非常规水源配置利用的指导意见》	水利部、国家发展改革委
	《关于推进污水处理减污降碳协同增效的实施意见》	国家发展改革委、住房城乡建设部、生态环境部
	《关于公布典型地区再生水利用配置试点中期评估结论的通知》	水利部办公厅

续表

年份	政策法规名称	发布单位
2024 年	《推进重点城市再生水利用三年行动实施方案》	国家发展改革委、住房城乡建设部、水利部
	《节约用水条例》	国务院

①《国务院关于实行最严格水资源管理制度的意见》要求加强用水效率控制红线管理,全面推进节水型社会建设,加快推进节水技术改造,鼓励并积极发展污水处理回用、雨水和微咸水开发利用、海水淡化和直接利用等非常规水源开发利用,将非常规水源开发利用纳入水资源统一配置。

②《中共中央 国务院关于加快推进生态文明建设的意见》要求全面促进资源节约循环高效使用,推动利用方式根本转变,加强资源节约。积极开发利用再生水、矿井水、空中云水、海水等非常规水源。

③《国务院关于印发水污染防治行动计划的通知》要求着力节约保护水资源,提高用水效率。将再生水、雨水和微咸水等非常规水源纳入水资源统一配置。

④《国家节水行动方案》要求在缺水地区加强非常规水利用,加强再生水、海水、雨水、矿井水和苦咸水等非常规水多元、梯级和安全利用。强制推动非常规水纳入水资源统一配置,逐年提高非常规水利用比例,并严格考核。

⑤《关于推进污水资源化利用的指导意见》要求着力推进重点领域污水资源化利用,加快推动城镇生活污水资源化利用,稳妥推进农业农村污水资源化利用;健全污水资源化利用体制机制,健全法规标准,构建政策体系。到 2025 年,全国地级及以上缺水城市再生水利用率达到 25% 以上,京津冀地区达到 35% 以上。

⑥《"十四五"城镇污水处理及资源化利用发展规划》要求到 2025 年,基本消除城市建成区生活污水直排口和收集处理设施空白区,全国城市生活污水集中收集率力争达到 70% 以上;城市和县城污水处理能力基本满足经济社会发展需要,县城污水处理率达到 95% 以上;水环境敏感地区污水处理基本达到一级 A 排放标准;全国地级及以上缺水城市再生水利用率达到 25% 以上,京津冀地区达到 35% 以上,黄河流域中下游地级及以上缺水城市力争达到 30%。

⑦《"十四五"节水型社会建设规划》要求加强非常规水源配置,到 2025 年,全国非常规水源利用量超过 170 亿 m³,地级及以上缺水城市再生水利用率超过 25%。

⑧《关于进一步加强水资源节约集约利用的意见》要求推行非常规水源纳入水资源统一配置,鼓励具备条件的地方充分利用非常规水源,缺水城市应积极拓展再生水利用领域和规模。到 2025 年,全国地级及以上缺水城市再生水利用率达到 25％以上,黄河流域中下游力争达到 30％,京津冀地区达到 35％以上。

⑨《关于推进污水处理减污降碳协同增效的实施意见》要求到 2025 年,污水处理行业减污降碳协同增效取得积极进展,能效水平和降碳能力持续提升。地级及以上缺水城市再生水利用率达到 25％以上。

⑩《节约用水条例》要求县级以上地方人民政府将非常规水纳入水资源统一配置,水资源短缺地区制定非常规水利用计划;统筹规划、建设污水资源化利用基础设施;城市绿化等优先使用符合标准要求的再生水;提高雨水资源化利用水平;沿海地区应积极开发利用海水资源。

5.3 再生水相关技术规范

2002 年,我国颁布了国家标准《城镇污水处理厂污染物排放标准》(GB 18918—2002),规定了城镇污水处理厂出水的控制项目和标准值。主要内容包括:①根据污染物的来源及性质,将污染物控制项目分为基本控制项目和选择控制项目两类。基本控制项目主要包括影响水环境和城镇污水处理厂一般处理工艺可以去除的常规污染物,以及部分一类污染物,共 19 项;选择控制项目包括对环境有较长期影响或毒性较大的污染物,共计 43 项。基本控制项目必须执行,选择控制项目由地方环境保护行政主管部门根据污水处理厂接纳的工业污染物的类别和水环境质量要求选择控制。②根据城镇污水处理厂排入地表水域环境功能和保护目标,以及污水处理厂的处理工艺,将基本控制项目的常规污染物标准值分为一级标准、二级标准、三级标准。一级标准分为 A 标准和 B 标准。一类重金属污染物和选择控制项目不分级。③一级标准的 A 标准是城镇污水处理厂出水作为回用水的基本要求。当污水处理厂出水引入稀释能力较小的河湖作为城镇景观用水和一般回用水等用途时,执行一级标准的 A 标准。④城镇污水处理厂出水排入 GB 3838 地表水Ⅲ类功能水域(划定的饮用水水源保护区和游泳区除外)、GB 3097 海水二类功能水域和湖、库等封闭或半封闭水域时,执行一级标准的 B 标准。⑤城镇污水处理厂出水排入 GB 3838 地表水Ⅳ、Ⅴ类功能水域或 GB 3097 海水三、四类功能海域,执行二级标准。⑥非重点控制流域和非水源保护区的建制镇的污水处理厂,根据当地经济条件和水污染控制要求,采用一级强化处理工艺时,执行三级标准。但必须预留二级处理设施的位置,分期达到二级标准。

2002 年,我国颁布了国家标准《城市污水再生利用 分类》(GB/T 18919—2002),将城市污水再生利用划分为农、林、牧、渔业用水,城市杂用水,工业用水,环境用水,补充水源水 5 个类别(见表 5-2)。

表 5-2　城市污水再生利用类别

序号	分类	范围
1	农、林、牧、渔业用水	农田灌溉、造林育苗、畜牧养殖、水产养殖
2	城市杂用水	城市绿化、冲厕、道路清扫、车辆冲洗、建筑施工、消防
3	工业用水	冷却用水、洗涤用水、锅炉用水、工艺用水、产品用水
4	环境用水	娱乐性景观环境用水、观赏性景观环境用水、湿地环境用水
5	补充水源水	补充地表水、补充地下水

2005 年,我国颁布了国家标准《城市污水再生利用 地下水回灌水质》(GB/T 19772—2005),将回灌区入水口的水质控制项目分为基本控制项目和选择控制项目两类,规定了利用城市污水再生水进行地下水回灌(地表回灌、井灌)时应控制的项目及其限值。

2005 年,我国颁布了国家标准《城市污水再生利用 工业用水水质》(GB/T 19923—2005),规定了城市污水再生水用于冷却用水、洗涤用水、锅炉用水、工艺用水和产品用水等工业用水时应控制的项目及其限值。

2007 年,我国颁布了国家标准《城市污水再生利用 农田灌溉用水水质》(GB 20922—2007),将水质控制项目分为基本控制项目和选择控制项目两类,规定了利用城市污水再生水进行农田灌溉时应控制的项目及其限值。

2010 年,我国颁布了国家标准《城市污水再生利用 绿地灌溉水质》(GB/T 25499—2010),将水质控制项目分为基本控制项目和选择控制项目两类,规定了城市污水再生水用于绿地灌溉时应控制的项目及其限值。

2019 年,我国修订了国家标准《城市污水再生利用 景观环境用水水质》(GB/T 18921—2019),规定了城市污水再生水用于景观环境用水时应控制的项目及其限值。

2020 年,我国修订了国家标准《城市污水再生利用 城市杂用水水质》(GB/T 18920—2020),将水质控制项目分为基本控制项目和选择性控制项目两类,规定了城市污水再生水用于城市杂用水时应控制的项目及其限值。

此外,我国还于 2008 年颁布了国家标准《城市污水再生回灌农田安全技术规范》(GB/T 22103—2008),2016 年修订了国家标准《城镇污水再生利用工程设计规范》(GB 50335—2016)等。

在行业标准、地方标准和企业标准制定方面,2007 年水利部颁布了水利行业标准《再生水水质标准》(SL 368—2006),根据再生水利用的用途,将再生水水质标准划分为 5 类:地下水回灌用水标准,工业用水标准,农业、林业、牧业用水标准,城市非饮用水标准,景观环境用水标准,并分别制定了不同用途再生水水质控制项目及其限值。2018 年,水利部颁布了水利行业标准《城镇再生水利用规划编制指南》(SL 760—2018)。同时,各地还颁布了一系列地方标准和企业标准。

通过系统梳理我国再生水利用的标准体系现状,并开展相关标准的控制指标和指标值比对分析,可以看出:

(1) 我国再生水利用标准体系现状

2002 年以来,我国先后颁布或修订了《城镇污水处理厂污染物排放标准》(GB 18918—2002)、《城市污水再生利用 分类》(GB/T 18919—2002)、《城市污水再生利用 地下水回灌水质》(GB/T 19772—2005)、《城市污水再生利用 工业用水水质》(GB/T 19923—2005)、《城市污水再生利用 农田灌溉用水水质》(GB 20922—2007)、《城市污水再生回灌农田安全技术规范》(GB/T 22103—2008)、《城市污水再生利用 绿地灌溉水质》(GB/T 25499—2010)、《城镇污水再生利用工程设计规范》(GB 50335—2016)、《城市污水再生利用 景观环境用水水质》(GB/T 18921—2019)、《城市污水再生利用 城市杂用水水质》(GB/T 18920—2020)等一系列国家标准,以及《再生水水质标准》(SL 368—2006)、《城镇再生水利用规划编制指南》(SL 760—2018)等水利行业标准。同时,我国还颁布了多项与再生水利用相关的化工行业标准、电力行业标准、交通运输行业标准,以及一系列地方标准和企业标准,基本建立了污水资源化利用的标准体系框架。但从再生水生产、输配、利用、管理等全链条来看,现有标准体系尚不完整,如缺乏污水资源化利用相关装备、工程、运行等标准,缺乏污水资源化利用分级分质系列标准,缺乏再生水用于生态补水的技术规范和管控要求等,污水资源化利用标准体系尚需进一步健全。

(2) 我国再生水利用相关标准协调性

①城镇污水处理厂一级 A 最高出水标准有 8 项指标达不到地表水环境 V 类标准,一级 A 达标排水需经再生工艺进一步净化处理后方可再生利用。②根据城市污水再生利用系列国家标准,在地下水回灌、工业用水、农田灌溉用水、绿

地灌溉用水、景观环境用水、城市杂用水 6 个利用领域中,地下水回灌对再生水的水质要求最高,农田灌溉用水对再生水的水质要求最低。③水利行业标准《再生水水质标准》(SL 368—2006)中地下水回灌、工业用水、农业灌溉用水 3 个领域对再生水水质的要求或者高于国家标准,或者与国家标准基本保持一致。但水利行业标准中景观环境用水、城市杂用水 2 个领域对再生水水质的要求,与国家标准《城市污水再生利用 景观环境用水水质》(GB/T 18921—2019)、《城市污水再生利用 城市杂用水水质》(GB/T 18920—2020)相比,分别有 4 项和 7 项指标的指标值低于国家标准,应对其加以修订。

5.4 对策建议

(1) 压实部门责任,扩大再生水利用领域和规模

一是充分发挥节约用水工作部际协调机制作用,加强统筹谋划、完善法规政策、加大建设资金支持力度,形成齐心协力共推再生水利用配置工作的强大合力。二是在规划和建设项目水资源论证中,充分论证再生水源利用的可行性和合理性,优先考虑再生水源,提出再生水源利用配置方案。三是加大再生水源利用在节水相关考核中的指标权重,将再生水统筹用于工业生产、市政杂用、生态环境、农业灌溉等领域,不断提升再生水源的利用量和利用比例。

(2) 优化财政资金安排,多渠道筹措资金

一是对污水处理厂建设再生水生产、输送设施,或用水户建设再生水净化设施项目给予一定资金补助,引导相关方积极布局再生水生产和配置网络。二是发挥好财政资金引导撬动作用,积极拓展再生水项目投融资渠道,发挥地方政府专项债券对符合条件再生水项目的支持作用,用活用好合同节水、"节水贷"融资服务,引导鼓励金融资金和社会资本投入再生水利用。

(3) 健全再生水利用激励机制,充分发挥市场作用

一是研究制定再生水价格管理指导性文件,放开再生水政府定价,探索以市场化方式推进再生水利用,推进建立不同用途、不同用户的分类价格指导体系,拉大再生水与自来水之间的价格差。二是探索完善节水奖补激励机制,推动落实减免水资源税(费)、企业所得税以及污水处理费、生活垃圾处理费等税费优惠政策,对投资建设再生水利用设施的企业和个人给予激励和支持,进一步激发社会各界参与再生水利用的积极性。三是培育壮大再生水交易市场,鼓励交易双方依据市场化原则自主协商定价,增强相关经营主体开发利用再生水的内生动力。

（4）加大再生水宣传力度，提升公众接受度

持续提高公众对于再生水利用的认识，让公众更多地了解和认识再生水等再生水源在缓解水资源短缺和改善生态环境中的重要作用，激发其主动使用再生水的自觉性。一是持续推动典型示范。进一步加强典型示范建设，扩大再生水利用的社会影响力，提升全社会认同度。二是加大对再生水利用的宣传。利用世界水日、中国水周、世界环境日等加大宣传，提高公众对再生水利用的认识水平和重视程度。三是结合节水文化教育，加大再生水利用教育体系建设，利用户外教育、传媒教育、展馆教育、课堂教育等方式，提升再生水利用宣传教育的鲜活性与实效性。

6

典型地区再生水利用配置案例

6.1 南京市

6.1.1 再生水利用现状

南京市水资源时空分布不均,虽然过境水量丰沛,但人均本地水资源量不足全国平均水平的四分之一,加之人口密度高、产业集聚度高、污染排放强度高,迫切需要重视强化再生水的开发利用。2020年,南京市大中型污水处理厂处理量合计约250.19万t/d,再生水利用量约57.77万t/d,再生水利用率达23.09%。再生水管网已铺设56.59 km,再生水利用主要用于部分河道生态补水,少部分用于城市绿化。再生水利用率与国内先进水平有差距,存在再生水覆盖面较小、配置模式较单一等问题。

南京市主城六区共建有5座污水处理厂,再生水供水能力合计33万t/d;江北新区共建有3座城镇污水处理厂,现状设计规模37.5万t/d,再生水回用规模为16.15万t/d;江宁区共建有8座污水处理厂,再生水回用规模为23.35万t/d;浦口区共建有5座污水处理厂,总处理规模为14.5万t/d,再生水回用规模为8.5万t/d;六合区共建有2座污水处理厂,再生水回用规模为8万t/d;溧水区共建有1座污水处理厂,再生水回用规模为3万t/d;高淳区共建有2座污水处理厂,再生水回用规模为4.75万t/d。

南京市再生水工业回用目前仅溧水秦源污水处理有限公司与大唐溧水燃机热电联产项目签署了再生水使用协议,2022年向大唐溧水燃机热电联产项目供给工业冷却水54.56万t。

6.1.2 再生水利用配置模式

6.1.2.1 "点对点"利用模式

(1) 模式主要特征

"点对点"利用模式通过新建专用再生水管道,将污水处理厂或再生水厂排水直供用水户,对水质有特殊要求的,经用水户配套再生水利用设施进一步处理后加以利用(见图6.1)。

"点对点"利用模式多应用于火电、石化、钢铁企业和商场等工业、服务业用水大户。该类用水户一般需水量较大,利用再生水后可以节约大量新水取用,降低企业生产成本。用水户与再生水厂距离比较近,也可以从一定程度上简化再生水供水管网的复杂性。再生水厂一般与用水户协议商定再生水价格,充分利用市场机制,实现互利共赢。但该模式容易受到再生水供需双方地理位置的限制,如距离较远,则会增加管网成本和再生水二次增压成本,影响再生水的价格优势,同时部分工业企业对于水质的特殊要求也会增加再生水的处理成本。

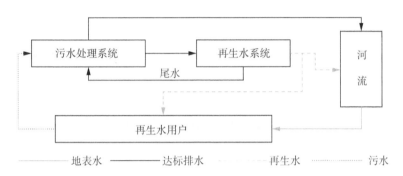

图 6.1　再生水"点对点"利用模式

(2) 应用场景

① 溧水秦源污水处理有限公司

溧水秦源污水处理有限公司已与大唐南京热电有限责任公司(简称大唐热电)签订再生水接管协议及回用合同,溧水秦源污水处理有限公司为大唐热电每年提供 109.5 万 t 水质合格的再生水,费用为 0.5 元/t。

② 溧水洪蓝污水处理厂

南京合强混凝土有限公司利用洪蓝污水处理厂的再生水进行混凝土生产,再生水管道已经正式接通。南京合强混凝土有限公司位于南京市溧水区水务集团洪蓝污水处理厂附近,由于混凝土生产过程中,采用洗砂工艺,水量消耗极大。为保障优水优用、分质供水,溧水区水务局协助南京合强混凝土有限公司联系区水务集团,促成双方达成再生水利用项目合作。

③ 浦口区珠江污水处理厂

浦口区珠江污水处理厂与南京广鑫能源服务有限公司开展合作,试点实施非常规冷热源交换项目。污水处理厂的出水水质达地表水准Ⅳ类标准,已建成再生水配套管网约 19 km。充分利用再生水流量大、余热资源丰富、低碳高效等优点,为附近研创园 220 万 m² 范围内的工业企业提供优质的集中供冷、供热配套服务。

④ 城东三期污水处理厂

城东三期污水处理厂建设管网将再生水输送至南部新城的 2 个能源中心。夏季使用磁悬浮冷水机组制冷,利用再生水冷却;冬季使用再生水取余热,利用水源热泵机组供热。南部新城将再生水作为冷热源,为 240 余万 m² 核心区的公共建筑提供集中式供冷、供热。

6.1.2.2 生态活水利用模式

(1) 模式主要特征

生态活水利用模式通过新建专用再生水管道,将污水处理厂或再生水厂达标处理后的排水就近利用,排入湿地、景观水体或河道中(见图 6.2)。该模式主要以城市集中处理污水为水源,适当建设再生水管网,实现就近河湖补水利用,以达到水量补给或水质改善的作用。

该模式避免了复杂的再生水输配管网建设,在有限的管网建设投入下,可短期内大幅提升再生水利用量。适用于主城建成区。生态补水的水质要求相对不高,目前城市生活污水经过污水处理厂深度处理后,基本可以满足水质要求。但生态补水的再生水投入费用基本依靠政府补贴,长期费用成本高,给政府财政带来一定压力。

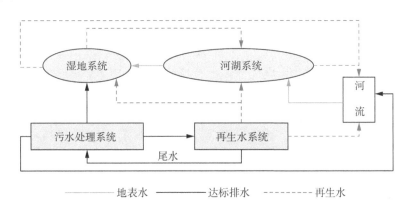

图 6.2 再生水生态活水利用模式

(2) 应用场景

① 铁北污水处理厂

铁北污水处理厂一、二期采用了"改进型 A²/O＋微絮凝＋砂滤"处理工艺,三期采用"多级 A/O生化池＋高效沉淀池＋反硝化深床滤池"处理工艺,两种工艺均利用次氯酸钠进行消毒处理,设计处理能力为 19.5 万 m^3/d,实际处理量为 14.14 万 m^3/d。厂区内建设了再生水利用泵房,敷设了 7.7 km 的 DN800 管道至 北十里长沟东支三元祠的补水点,实现再生水对河道水源的补给,2020 年日均补 水量达到 4.1 万 m^3。

北十里长沟是南京市栖霞区的河道之一,分东、西两支,是省控主要入江河 流,兼有城市河道及汛期行洪功能。过去被称为"十里长沟十里臭",近年来,随 着周边污染治理、水环境提升、水生态修复以及再生水补源等相关工程措施的实 施,河道水环境显著提升。

② 城南污水处理厂

城南污水处理厂采用"改良 A^2/O +反硝化深床滤池"处理工艺,末端采用 次氯酸钠消毒,设计处理能力为 20 万 m^3/d,实际处理量为 8.21 万 m^3/d。厂内 建设一座再生水增压泵站,并敷设 4.7 km 的管道直供工农河,进行生态补水,日 均补水量为 1.86 万 m^3。

工农河位于雨花台区板桥街道南部,属于沿江小流域,主要承接板桥地区附 近的排水。曾经的工农河由于沿岸待建成区地下管网不完善、生活污水直排入 河,加上生态基流较小、水源不足,非汛期无水源补给,多年来河道黑臭现象严 重。近年来,雨花台区开展了工农河综合整治,通过清淤疏浚、岸坡整治、控源截 污、引再生水补源、生态修复等措施,增强了水体的自净能力,河道内水体水质显 著提升,河道周边环境明显改善。

③ 仙林污水处理厂

仙林污水处理厂采用了"后置缺氧 A^2/O +MBR"处理工艺,并增加"紫外+次 氯酸钠"的消毒工艺,设计处理能力为 10 万 m^3/d,实际处理量为 9.49 万 m^3/d,出 水满足再生水供应使用需求。厂区内设有再生水泵房,可为仙林大学城地区景 观河道补水。现已建有 3 km 的 DN800 再生水管网,直供仙林大学城地区河道。

栖霞区是南京市最早开始尝试再生水河道引水补水的地区,仙林污水处理 厂的再生水也被引入多条河道。其中,仙林大学城南京师范大学校区附近的文 苑河经过引水补水、生态修复等措施,河道水质得到明显改善,河水清澈,景观面 貌大幅提升。

④ 城东三期污水处理厂

城东三期污水处理厂采用了"A^2/O +MBR"的污水处理工艺,并通过添加 次氯酸钠进行消毒,设计处理能力为 15 万 m^3/d,实际处理量为 14.94 万 m^3/d。 目前出水水质满足景观环境、市政杂用水质要求。

2020年,城东三期污水处理厂建有15.6 km再生水管网,将再生水输水至麒麟街道和白下街道,对运粮河、麒麟湖、沧波湖、定林大沟、永丰河等河道进行生态补水。同时洒水车到再生水取水点取水,在麒麟科技创新园和高新技术产业开发区进行道路清扫、绿化灌溉。

⑤ 桥北污水处理厂

桥北污水处理厂采用了"改良 $A^2/O+$ 混凝沉淀池+滤池"的处理工艺,利用次氯酸钠进行末端消毒处理,设计处理能力为20万 m^3/d,实际处理量为18.22万 m^3/d。

桥北污水处理厂通过再生水管网将达标再生水输至新化湿地进行生态补水,并建有3.7 km专用再生水管网对秃尾巴河、引水河、朝阳河、吨粮河等进行管道直供补水。

6.1.2.3　集中利用模式

(1) 模式主要特征

集中利用模式通常需要统筹规划建设再生水生产与输配设施,将再生水统筹用于工业企业、市政杂用、景观生态等多个领域,实现再生水多梯级综合利用,大幅提升再生水利用规模和效益(见图6.3)。

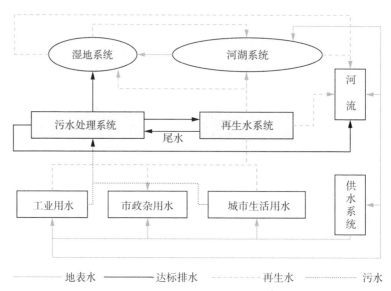

图6.3　集中利用模式

该模式可结合现有水系规划、补水工程等,利用湿地净化系统改善污水处理厂出水水质,使其满足用水水质标准,设置市政再生水取水点,满足城区绿化、道路浇洒等日常用水需求。

集中利用模式需要完善的再生水管网,适合正在开发的新城区,对于老城区而言,新建再生水管网工程量大、成本高、难度大。集中利用模式需要比较完善的再生水供给系统,建设再生水取水点、绿地浇灌系统等,大大增加了再生水利用成本。该模式涉及不同领域的多类用水户,对于水质、水量的要求不同,需要多方协调,也增加了再生水利用的难度。

(2) 应用场景

江心洲污水处理厂位于南京江心洲生态科技岛,一期工程于 1996 年建成投产,处理规模为 26 万 m³/d;2006 年 11 月完成扩建改造工程,采用改良 A²/O 活性污泥法工艺,处理规模提高至 67 万 m³/d,是南京市秦淮河治理工程的一个重要组成部分。全厂占地面积为 41.9 hm²,承担着南京市主城区约 60% 的污水处理量。处理工艺经改良采用"A²/O＋反硝化深床滤池"工艺,污水收集范围主要为南京市主城东、中部和河西地区,东起明城墙—清水塘—养虎巷—雨花台风景区,西至南河—赛虹桥,南起纬八路—江山大街,北至定淮门—草场门—北京西路—北西家大塘—九华山。主要收集内秦淮河流域、外秦淮河部分流域以及河西地区的污水。日均处理量 67.8 万 m³/d。污水处理厂出水水质达到《城镇污水处理厂污染物排放标准》(GB 18918—2002)一级 A 标准。配套再生水厂,设计处理能力 3 万 m³/d,实际日均处理量 1.26 万 m³/d。

目前,再生水主要用于厂区绿化、冲洗设备、道路喷洒以及作为南京洲岛现代服务业发展有限公司道路清扫、绿化浇灌用水。江心洲作为一个相对独立的江心岛,岛内的市政杂用水、水系景观补水、生产用水等均有使用再生水的潜力。

江心洲生态科技岛外围是完整的生态绿环,几大公园构成了江心洲岛的生态绿肺,同时,多个口袋绿地分布在岛内各个区域,绿地浇灌用水需求量大。

江心洲可以开发利用再生水作为水源热泵的热源,通过热力站(水源热泵站)进行热交换,为岛内核心区域的商业、办公、住宅、学校、医院等建筑提供稳定的集中供冷、供热。

江心洲南部规划建设的冰雪乐园项目,与青奥森林公园毗邻,是滨江生态景观带轴线上的重要空间节点,将建设梦幻海洋乐园、滑雪运动乐园、冰雪娱乐小镇、嬉水乐园等娱乐设施,将成为岛内服务业用水大户。将再生水作为其水源可以有效减少对新水的需求。

江心洲生态科技岛再生水利用配置采用集中利用模式,将江心洲污水处理厂处理水综合用于绿地灌溉、市政杂用、河湖补水及景观娱乐等领域,预计全年再生水利用量达到 326 万 m^3。

6.2 九江市

6.2.1 再生水利用现状

目前,九江市两河地下污水处理厂、琵琶湖水质净化站、芳兰污水处理厂等3 座处理厂出水水质达到地表水准Ⅳ类及以上标准,达到再生水利用要求,主要用于城区人工水景观用水和生态补水。

① 两河地下污水处理厂

两河地下污水处理厂位于濂溪区欣荣路邹家河一支巷,设计处理规模3 万 m^3/d。采用"A^2/O 或 A/O+高密度沉淀池+深床滤池"工艺,出水水质执行《地表水环境质量标准》(GB 3838—2002)准Ⅳ类标准,其中出水 $COD_{Cr}\leqslant$30 mg/L、$BOD_5\leqslant$6 mg/L、NH3-N$\leqslant$1.5 mg/L、TP$\leqslant$0.3 mg/L,其余指标执行《城镇污水处理厂污染物排放标准》(GB 18918—2002)中一级 A 标准。出水用于双溪公园水景观用水和十里河、濂溪河生态补水。

② 琵琶湖水质净化站

琵琶湖水质净化站位于九江市琴湖大道与长虹东大道交叉口附近、琵琶湖北侧,设计规模 1.5 万 m^3/d。采用"曝气沉砂+MBR+膜池+紫外+湿地"工艺,出水水质执行一级 A 标准,经尾水湿地进一步进行生物处理后用于琵琶湖生态补水。

③ 芳兰污水处理厂

芳兰污水处理厂位于九江市濂溪区芳兰大道,西面为鄱阳湖、南面为芳兰湖生态湿地公园,设计处理规模 3 万 m^3/d。采用"多模式 A^2/O+MBR 膜处理"工艺,出水水质 COD、BOD、氨氮、总磷执行地表水Ⅳ类标准,其余指标执行《城镇污水处理厂污染物排放标准》(GB18918—2002)中一级 A 标准。出水经生态砾石床过滤补入芳兰湖。

6.2.2 再生水利用配置模式

九江市市区再生水利用配置试点工作启动以来,依托在城市污水处理、水环境综合治理、再生水利用等方面多年积累的扎实经验和取得的成果,各部门群策群力,积极探索,再生水利用配置"五加"模式初步成形,奋力打造九江样板。

(1)"全地下+花园式"利用格局

九江市在有限的城市空间内,创新再生水生产输送与利用配置方式。建成全地下式的两河地下污水处理厂,采用地埋式污水处理技术,节约土地资源。水厂出水直接作为地上双溪公园景观用水和十里河、濂溪河生态补水,大幅缩短输配路径,降低运行能耗。构建形成节水、节地、节能的资源节约型"全地下+花园式"再生水产输用一体化利用配置格局。

(2)"政府+市场"两手发力拓展投融资渠道

九江市政府坚持政府、市场"两手发力",充分利用财政资金的引导、撬动作用,积极拓展再生水项目投融资渠道,引导鼓励地方专项债、金融资金和社会资本投入再生水利用试点建设。2018年,与中国长江三峡集团有限公司深度合作,采取政府和社会资本合作(PPP)模式,先后合资成立了九江市三峡一期、二期水环境系统综合治理有限公司,承担九江市中心城区水环境系统综合治理一期、二期所有项目的勘察设计、建设、投融资和运营维护等全过程管理,实现社会公众、政府和社会资本多方共赢。用足用好国拨财政资金,编制《九江市市区再生水利用专项规划》,加强市本级顶层设计。形成利用财政资金做要事、社会资本推硬事的"政府+市场"两手发力再生水利用配置投融资模式。

(3)"2+N"制度政策体系

修订《九江市节约用水管理办法》,突出再生水作为城市"第二水源"的重要地位,对应当使用而未使用再生水的,明确法律责任与罚则办法,依法推进再生水利用工作。编制《九江市再生水利用管理办法》,细化明确再生水利用配置的各项政策。在上述两项顶层政策制度引领下,细化制定出台《九江市工业企业使用再生水管理办法》《九江市再生水价格指导意见》《九江市市区再生水利用专项规划》《九江市"十四五"城镇污水处理及资源化利用专项规划》《九江市中心城区污水专项规划(2022—2035)》等一系列制度政策,形成"2+N"再生水利用配置制度政策体系。

(4)"水务+"数字监管平台

在智慧水务平台建设中,增配模块,扩展功能,加强再生水数字监管。着重完善再生水生产输配监测系统,建设再生水利用智慧调度平台和监管平台。基本建成设施全入库、监测感知全天候、预警预报全识别、运行隐患全诊断、业务管理全覆盖的"水务+"智慧化数字监管平台。

(5)"试点＋示范"统筹工程布局

借助九江市成功入选国家海绵城市建设示范契机,在市政府统一领导下,水利部门加强与住建部门的沟通协调,紧密衔接再生水利用配置试点与海绵城市建设示范两个实施方案,优化组合试点与示范工程项目库,争取将鹤问湖二期污水处理厂再生水利用工程纳入全市总体工程项目布局,统筹推进"试点＋示范"工程建设。

6.3 西安市

6.3.1 再生水利用配置现状

西安市再生水利用主要分两类:一是以城市污水处理厂出水为原水的集中式再生水利用项目,主要用于景观水体补水、工业冷却水、居民小区杂用、园林绿化、道路冲洒等;二是以工业企业生产废水或学校、单位内部自产生活污水为原水的分散式再生水(包括建筑中水)利用项目,主要用于单位内部生产、生活杂用和景观绿化。2022 年,西安市污水处理总量为 10.47 亿 m^3,再生水利用总量为 3.57 亿 m^3,利用率达到 34.1%,新增再生水利用量 2 968.2 万 m^3。

鄠邑区建成运行的污水处理厂有 3 座,覆盖了主城区、沣京工业园区及余下街道辖区的生产、生活污水处理,设计日处理量达到 14 万 m^3,目前实际日处理量约 10 万 m^3,出水水质全部达到了《陕西省黄河流域污水综合排放标准》(DB 61/224—2018)A 级标准,满足再生水利用水质要求。

建设鄠邑区再生水综合利用项目,将再生水变为城区"第二水源"。各处理厂再生水供水量分别为鄠邑区第一污水厂 32 500 m^3/d,鄠邑区第二污水厂 14 000 m^3/d,第三污水厂 6 000 m^3/d。项目建成运行后,可将鄠邑区第一、第三污水处理厂再生水供水管网相互连通,为大唐西安热电厂等用水大户提供水源,并在管网沿线发展潜在再生水用户,年再生水利用量约 2 047.8 万 m^3,再生水利用率达到 56%。

实施西安市清远中水有限公司北石桥再生水提标改造项目,处理规模 4 万 m^3/d,处理工艺为"超滤＋反渗透"工艺,工艺方案为"提升泵房＋超滤＋反渗透＋清水池＋加压泵站"(超滤和反渗透产水按 1∶1 比例混合),出水水质达到了地表水准Ⅲ类标准。为护城河再生水生态补水示范项目提供再生水,已实现护城河全域补给。截至 2023 年 9 月,已累计补给再生水约 4 281 万 t,极大改善了护城河水质。

6.3.2 再生水利用管理政策

(1) 再生水管理机制

制定出台《西安市城市再生水利用实施细则》,细化补充再生水利用要求;完善《西安市用水总量控制指标》,将再生水纳入水资源统一配置;优化《西安市实行最严格水资源管理制度考核目标任务》,提高再生水利用在实行最严格水资源管理考核中的考核权重;建立《西安市再生水计量统计制度》,建立符合要求的统计规则。

(2) 统一再生水配置利用

一是充分发挥规划引领作用,编制印发《西安市再生水工程专项规划(2020—2035 年)》《西安市城市再生水利用"十四五"规划》。二是合理配置再生水,完善《西安市用水总量控制指标》,将再生水纳入水资源统一配置,明确西安市及各区县、各开发区用水总量控制中再生水最低利用量和各行业领域的利用规模;同时,在对使用再生水的用水单位下达计划用水指标时明确提出再生水最低利用量,减少新水消耗。

(3) 再生水激励机制

充分发挥市场作用,积极推动市场主体参与再生水生产输配设施建设、运营和管理。鼓励再生水运营企业探索与用户按照优质优价的原则自主协商定价,探索建立再生水利用反阶梯水价政策,对提供公共生态环境服务功能的河湖湿地生态补水、景观环境用水使用再生水,采用政府购买服务的方式推动再生水利用。护城河再生水利用市财政补贴 0.42 元/m^3。

6.3.3 全域推进再生水综合利用模式

西安市突出重点行业领域和区域特点,全域整体推进,提高再生水利用水平。一是突出重点行业。由市城管局、市水务局牵头,落实 15 个责任单位市政杂用、绿化灌溉、湖池补水再生水利用项目 24 项,再生水利用率从 2021 年不足8%,提高到 2022 年的 10%。二是突出重点领域。为实现热电企业再生水利用全覆盖,陕西渭河发电厂、大唐西安热电厂积极接引再生水,大唐渭河发电厂、大唐灞桥发电厂采取措施,不断提高再生水利用占比,年新增再生水利用量1 100 余万 m^3。三是突出区域特点。鄠邑区根据自身再生水利用条件好、利用领域全面、生产设施布局合理的特点,输配设施三年建设任务一年完成,努力打造再生水试点综合利用示范区;西咸新区作为新建城区重点推进秦创源、交大创新港等大型公共建筑再生水利用;高新区制定《高新区园林绿化行业再生水利用工作实施方案》,加大辖区绿化灌溉再生水利用力度;临潼区、阎良区结合自身特点,重点建设再生水农田灌溉示范区;浐灞生态区、经开区再生水自助洗车项目成为城市亮点,为市民提供了便捷、低廉的洗车选择。

6.4 张掖市

6.4.1 再生水利用配置现状

张掖市污水处理厂主要承担甘州区排水管网敷设范围内居民生活污水处理任务。近年来,张掖市污水处理厂实施一、二期整体提标改造工程项目和新建三期工程项目,日处理能力达到 14 万 t,年产生再生水 3 500 万 m^3,出水执行一级A 排放标准,氨氮、总磷执行地表Ⅳ类水标准。处理后的再生水主要用于甘肃电投张掖发电有限责任公司工业冷却用水、元宝枫国储林基地灌溉用水、北郊湿地生态补水,剩余再生水经 4 km 尾水渠排入山丹河后最终汇入黑河。

实施甘州区城区中央文化公园生态补给用水项目,年供给再生水 100 万 m^3,在城区东南三环道路构成多源互补、互联互通、调控自如的生态水系,逐步恢复沿线生态植被。建设甘州区元宝枫国储林基地灌溉用水项目,年引用中水760 万 m^3,为元宝枫林提供灌溉水源,缓解区域内水资源紧缺的局面。引张掖火电厂再生水,建设甘州区北部湾生态谷项目用水项目,年使用再生水 100 万 m^3,使再生水成为农旅融合发展的绿化水源。

2023 年上半年,甘州区污水处理总量为 1 694.79 万 m^3,再生水利用量达到541.62 万 m^3,再生水利用率为 32%。其中,工业使用量 267.5 万 m^3、林地灌溉10.17 万 m^3、景观生态补水 263.95 万 m^3,5、6 月份再生水利用率分别达到37.31% 和 36.92%。

6.4.2 再生水利用管理政策

(1) 再生水纳入规划

张掖市按照优水优用、按用定质、按质定管思路,将再生水纳入《甘州区落实国家节水行动实施方案》《甘州区"十四五"水利发展规划》《甘州区"十四五"节水型社会建设规划》等相关涉水规划中,并与国土空间规划协调一致,进一步明确了再生水利用发展方向。

（2）再生水利用配置管理

严格落实《张掖市节约用水管理办法》《张掖市实行最严格水资源管理制度考核办法》《张掖市地下水资源管理办法》《张掖市落实国家节水行动实施方案》等政策法规性文件，将再生水利用纳入《甘州区 2021 年—2025 年水资源控制指标配置方案》，鼓励新城区规划建设再生水管网。明确全区用水总量控制目标中再生水利用目标，将再生水利用率纳入最严格水资源管理考核，在下达年度用水计划时，明确再生水利用最低指标。

（3）探索再生水利用高质量发展新路径

一是探索生态环境质量修复新路径。变污水处理的终点为水循环利用的起点，用于平易河、山丹河河道补水和北郊湿地生态修复的主要水源，实现城市河道水质提升和水生态自然修复。二是探索再生水市场化利用新路径。创新开展"一户一策"管家服务模式，推动污水处理厂与甘肃电投张掖发电有限责任公司签订中水供水合同，形成水价确定、服务优先、总量保障、按月结算的再生水利用机制。

6.4.3　生态优先再生水利用模式

张掖市因地制宜，统筹水环境治理与污水资源化利用战略，拓宽再生水利用生态优先利用模式。加大新模式、新业态、新产品开发力度，将长 13.7 km 的中水输水管道与城区生态用水项目、城市公园建设深度融合，建设"点、线、面"结合的城市休闲旅游生态绿地系统；将元宝枫林地灌溉用水项目与生态发展相结合，原有的大荒滩蜕变为集生态、社会、经济效益为一体的国家储备林基地，成为筑牢西部生态安全屏障的重要组成部分；同时，坚持"古色为韵、特色为魂、彩色为形"的特色乡村建设理念，协同推进三闸镇乡村风貌特色塑造与北部湾生态谷用水项目，打造集生态湿地、生活社区、文化创意、运动游乐等功能于一体的乡村振兴示范点。

附　图

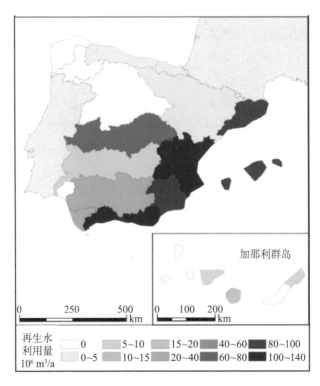

再生水
利用量
$10^6 \text{ m}^3/\text{a}$

0	5~10	15~20	40~60	80~100
0~5	10~15	20~40	60~80	100~140

图 1　西班牙农业灌溉再生水使用计划目标(2027 年)